"十四五"时期国家重点出版物出版专项规划项目

配网带电作业系列图册

An atlas of live working on distribution network

U0261887

Operating skills of vehicle

车辆操作技能

国 网 江 苏 省 电 力 有 限 公 司
国网江苏省电力有限公司泰州供电分公司　组编
带 电 作 业 专 家 工 作 委 员 会

中国水利水电出版社
www.waterpub.com.cn
·北京·

内 容 提 要

本书是《配网带电作业系列图册》中的一本，主要介绍了车辆操作技能，内容包括绝缘斗臂车、旁路作业车、电源车、移动箱变车、移动工器具库房车、其他带电作业特种车辆等。本书利用线描图简单、准确的特点描述作业场景、作业人员操作动作、所用工器具的使用状态等，并附文字表述，实现多形式、多方位、多视角的作业场景再现，兼具知识性、直观性和趣味性。

本书可作为现场带电作业人员的培训用书，也可供相关专业从业人员参考。

图书在版编目（CIP）数据

配网带电作业系列图册. 车辆操作技能 / 国网江苏省电力有限公司，国网江苏省电力有限公司泰州供电分公司，带电作业专家工作委员会组编. -- 北京 : 中国水利水电出版社，2022.10
ISBN 978-7-5226-1047-4

Ⅰ．①配… Ⅱ．①国… ②国… ③带… Ⅲ．①配电系统—带电作业—图集②配电系统—带电作业—车辆—操作—图集 Ⅳ．①TM727-64

中国版本图书馆CIP数据核字(2022)第190699号

书　　名	配网带电作业系列图册 **车辆操作技能** CHELIANG CAOZUO JINENG
作　　者	国 网 江 苏 省 电 力 有 限 公 司 国网江苏省电力有限公司泰州供电分公司　组编 带 电 作 业 专 家 工 作 委 员 会
出版发行	中国水利水电出版社 （北京市海淀区玉渊潭南路1号D座　100038） 网址：www.waterpub.com.cn E-mail：sales@mwr.gov.cn 电话：(010) 68545888（营销中心）
经　　售	北京科水图书销售有限公司 电话：(010) 68545874、63202643 全国各地新华书店和相关出版物销售网点
排　　版	中国水利水电出版社微机排版中心
印　　刷	天津嘉恒印务有限公司
规　　格	184mm×260mm　16开本　7.5印张　194千字
版　　次	2022年10月第1版　2022年10月第1次印刷
印　　数	0001—2000册
定　　价	**86.00元**

《配网带电作业系列图册》编委会

主　　任：郭海云

成　　员：高天宝　杨晓翔　蒋建平　牛　林　曾国忠　孙　飞
　　　　　郑和平　高永强　李占奎　陈德俊　张　勇　周春丽

《车辆操作技能》编写组

主　　编：雷　宁　范炜豪

副 主 编：孙泰龙　杨　磊　潘煜斌　王月鹏

编写人员：杨　镇　苏风雨　范韩璐　陈　微　王　旗　曲志龙
　　　　　张　钦　胡德敏　李培启　张世功　卢星辰　晁玉国
　　　　　商晓恒　张仁民　翁　卫　李永栋　匡明照　孙鹏程
　　　　　陈先勇　潘庆庆　何玉鹏　刘星伟　戚继辉

前　言

随着全社会对供电可靠性要求的不断提高和我国城镇化的快速发展，配电带电作业逐渐成为提高供电可靠性不可或缺的手段，我国先后开展了绝缘杆带电作业、绝缘手套带电作业等常规配电线路带电作业项目，以及配电架空线路不停电作业、电缆线路不停电作业等较复杂的带电作业项目。作业量的增加对带电作业从业队伍提出了更高的要求，而培养一名合格的带电作业人员，体系化的培训是必不可少的。然而，对于每一名带电作业人员而言，实训不能从零认知开始。如何在现场实训之前对操作的要点、规范的行为获得感性的认知，借助什么样的教材去让作业人员进一步理解、固化现场培训之后的操作要领和技艺，并让规范的操作形成职业习惯——这是带电作业领域一直重视的问题。

带电作业专家工作委员会的专家们对解决上述问题的重要性、迫切性形成共识。在2016年度工作会议上做出了编写带电作业系列图册、录制视频教学片的决定并成立了编委会，随后将其正式列入工作计划。在《常用项目操作技能》《配电线路旁路作业操作技能》完成的基础上，国网江苏省电力有限公司、带电作业专家工作委员会继续组织相关专家完成《车辆操作技能》图册，该系列的《登高与吊装作业技能》《安全防护与遮蔽操作技能》《检测技能》《工器具操作技能》也将相继出版。

在本册的编辑中，我们追求知识性、直观性、趣味性的统一，力求达到"文字、工程语言（设备、工具状态）、肢体语言（操作者的动作）的完美结合。在具体创作形式上，根据线描图简单、准确的特点，用其描述作业场景，包括作业中涉及的设备、车辆的状态及变化情况；作业人员操作动作、所用车型的使用状态等，并附文字表述，给读者提供多种形式、多方位、多视角的作业现场场景再现。

本册在组织带电作业专家工作委员会专家编写的基础上，集合徐州海伦哲车辆有限公司、徐州徐工随车起重机有限公司、青岛海青汽车股份有限公司、青岛中汽特种汽车有限公司、青岛索尔汽车有限公司、杭州爱知工程车辆有限公司、武汉乐电电力有限公司、许继三铃专用汽车有限公司一线工程师，结合最新行业形势，考察本企业及其他车企车辆投产实际情况，对带电作业车辆操作技术进行了深入的探讨和打磨，力求给相关岗位人员提供全面、规范的教学指导。

由于线描图方式是我们本系列图册的独创形式，且同类书籍较少、描图水平局限等原因，图册中难免出现对重要作业环节、关键描述不足、绘画笔画要素运用不当等情况。希望广大同行及读者多提宝贵建议，以便我们在陆续编辑出版的系列分册中改进和完善。

最后，希望广大一线员工把该书作为带电作业的工具书、示范书，切实增强安全意识，不断规范作业行为，确保高效完成各项工作任务，为电网科学发展做出新的更大贡献。

带电作业专家工作委员会

2022 年 10 月

目　录

第 1 章

··

绝缘斗臂车

1.1 绝缘斗臂车作业准备

1.1.1 液压系统驱动力转换（PTO）

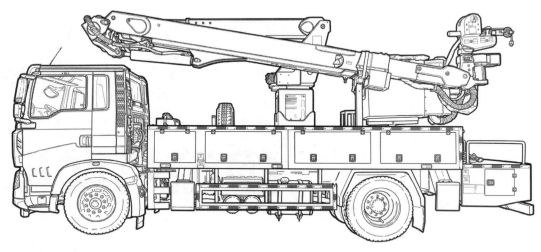

图 1-1 绝缘斗臂车主要部件实例图

【技能点】

绝缘斗臂车进入作业现场后，在发动机启动怠速状态下，将车辆的行驶驱动力转接至绝缘斗臂车液压驱动力（PTO），并接通绝缘臂的操作电源。

【操作要领】

（1）转换车辆驱动力及接通绝缘臂操作电源前，应将车辆可靠制动。

（2）车辆的行驶驱动力转接至绝缘臂液压驱动力时，应将车辆离合器踏板踩下。

（3）某些气体制动车辆，有可能因气缸压力不足，造成驱动力转换无效，应达到仪表盘上气压表的标准值后，再进行驱动力转换。

（4）绝缘臂操作电源接通后，车辆支腿或支腿操作盘应有电源指示灯点亮，否则应检查操作电源保险或电路是否有故障。

图 1-2 PTO 取力操作

1.1.2 车辆支撑操作

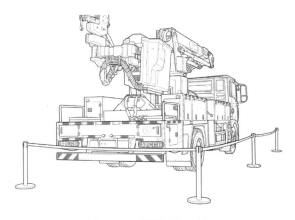

图 1-3 设置隔离围栏

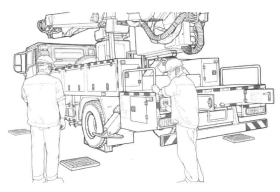

图 1-4 支腿操作

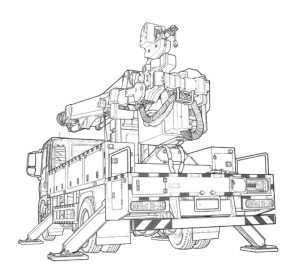

图 1-5 斜坡停放

【技能点】

接通绝缘斗臂车支腿操作开关，同时（或依次）将各支腿水平伸出，而后操作支腿垂直（或侧向下）支撑整个车辆完全抬起。

【操作要领】

（1）尽量选择既水平又坚固的位置，并满足作业半径需求。严禁将支腿支撑在松软土质、未硬化沥青路面、盖板、雨篦、井盖、涵管等不牢固或非承力构件上。

（2）车辆停放位置受到臂架伸展范围、上装运动以及支腿伸出所需空间的限制，需确认支腿及上装运动范围内没有任何阻碍其运动的物体。

（3）车辆可停放的最大路面坡度为车辆前后方向向上 5°以内。

（4）支腿垂直支撑前必须按照对应位置放置好垫板，同时应使用挡轮器将车轮前后轮固定好；重叠放置支腿垫板时数量不超过 2 块，厚度在 200mm 以内。

（5）操作支腿前必须考虑到在斜坡上的轮胎对车辆稳定性和地面摩擦力的影响，车辆在积雪路面停放时，必须先清除积雪，并确认路面状况，采取防滑措施后再停放。

（6）当有支腿车辆在斜坡上调平时，高侧支腿单侧跨距会减小，作业稳定性变差，因此在调平过程中应尽量避免通过缩回较高侧的支腿进行调平。

（7）严禁在支腿已垂直受力的情况下进行水平方向上的伸缩操作。

（8）严禁在支腿水平方向及垂直方向未完全收回的情况下移动车辆。

（9）检查水准仪中气泡位置。当水准仪中的气泡位于刻度线之间时，工作平台水平。

3

1.1.3　车辆接地

图 1-6　装设接地装置

【技能点】

展放绝缘斗臂车的接地装置（多股软铜线），使用临时接地棒、使用接地线夹具连接并可靠固定。

绝缘斗臂车的接地，应避免与作业点杆塔、设备的工作接地共用接地桩，并且保持一定距离。

【操作要领】

（1）接地线使用有透明塑料护套的长度不小于 10m、截面不小于 25mm^2 的多股软铜线，接地装置上卷绕的接地线应完全展放，接地线在地面无缠绕、叠压、扭结、破损等情况。

（2）装设接地线的固定或临时接地极（桩）应没有松动、断裂、脱焊及严重锈蚀情况，接地极（桩）有效埋深不小于 600mm。

1.1.4 车辆擦拭

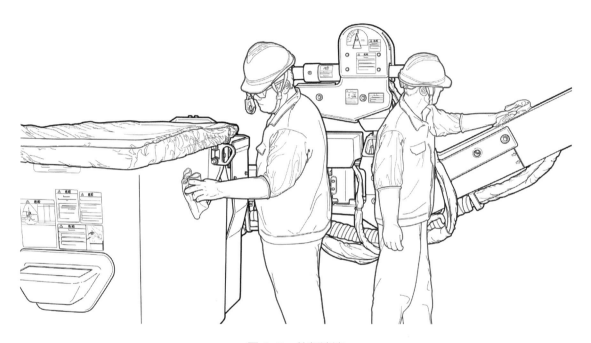

图 1-7 外部清洁

【技能点】

　　使用干燥、清洁的毛巾或软棉布，对绝缘斗臂车的绝缘臂、具有一定绝缘性能的上部绝缘罩壳、工作斗外部沿面进行擦拭，以清除表面灰尘、水渍、油泥等污垢。

【操作要领】

　　（1）在擦拭绝缘部件的同时，可用肉眼检查绝缘部件表面是否有损伤，如裂缝、绝缘剥落、深度划痕等。

　　（2）发现绝缘部件表面出现裂缝、绝缘剥落、深度划痕时，严禁使用。

　　（3）使用专用清洁剂清理灰尘、水渍、油泥等污垢。

1.1.5　车辆空斗试操作

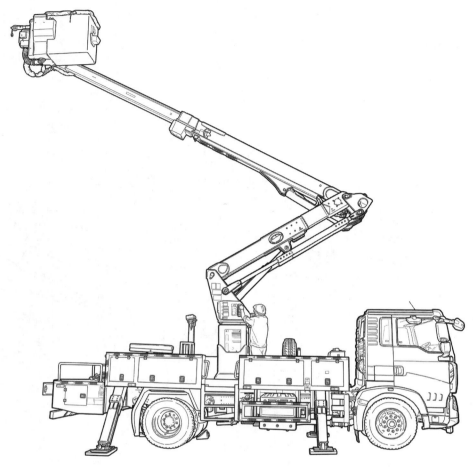

图 1-8　空斗升起

【技能点】

使用绝缘斗臂车下部操作机构，对绝缘臂进行起降、回转、伸缩各功能的操作，以确定车辆液压系统工作正常，操作灵活、制动可靠。

【操作要领】

（1）试操作须由对车辆操作熟练的人员进行，操作幅度应缓慢，避免急启急停。

（2）试操作前，将操作开关转至"下部操作优先"，使用下部操作机构进行试操作。

（3）绝缘斗臂车试操作时，操作人员应时刻观察周围环境，避免绝缘臂、工作斗与其他如建筑物、构件、树木碰撞造成损害。

（4）严禁操作人员在工作斗内（上部操作机构）进行绝缘斗臂车试操作。

1.1.6 整车泄漏电流检测

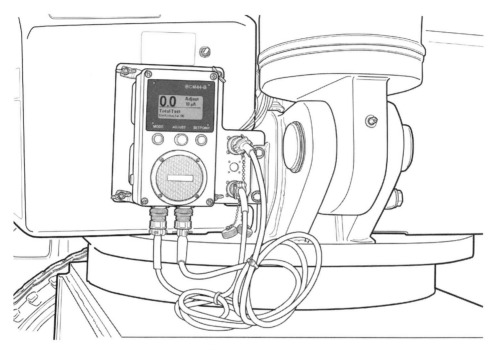

图 1-9 整车泄漏电流值检测装置

【技能点】

对于配置泄漏电流检测装置的绝缘斗臂车，操作绝缘斗臂车下部操作机构，缓慢靠近带电导线，待工作斗与带电导线轻微接触后停止操作，观察车辆泄漏电流检测装置获取测量值。

【操作要领】

（1）对绝缘斗臂车泄漏电流检测时，应由对车辆操作熟练的人员进行操作。与带电导线接触时，使用绝缘臂缓慢伸出的方式，避免采用回转或仰起绝缘臂的方式，操作应平稳进行，避免急启急停。

（2）绝缘斗臂车泄漏电流检测前，必须再次检查车辆接地装置接地良好，无关人员不得靠近车辆。

（3）严禁由不熟悉车辆操作方法的人员进行绝缘斗臂车泄漏电流检测操作。

1.2　绝缘斗臂车操作

1.2.1　上部操作

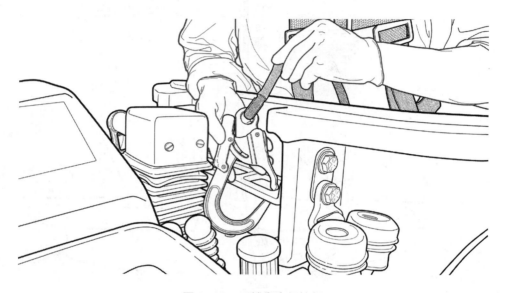

图 1-10　系挂安全保护绳

【技能点】

将绝缘斗臂车操作转换至上部控制。进入工作斗后,将安全带可靠固定在工作斗内设置的专用安全带挂环上。

【操作要领】

(1)绝缘斗臂车操作前,需要对照使用说明书,熟悉操作安全事项、车辆操作方法,当操作出现故障时,如无法自行排除,应立即咨询相关技术人员。

(2)绝缘斗臂车操作时,应注意充分了解作业范围,在车体粘贴的标牌及使用说明书上,了解清楚不同作业幅度对应的高空作业额定载荷,避免发生翻车事故。

(3)严禁工作斗内的人员和工具总重超过工作斗额定载荷。

1.2.2 绝缘臂操作

1. 直伸臂式

【技能点】

（1）操作工作斗，将绝缘斗臂车主臂从支架升起，在确保四周安全的情况下，达到一定高度后，在保证有效绝缘距离的情况下操作主臂将工作斗伸至作业点位置。

（2）当作业完成，脱离带电作业区域后，先将工作斗恢复至初始位置，并完全收回绝缘臂，操作工作臂至臂支架对应位置，保证工作斗、工作臂与支架稳固支撑，防止车辆行驶过程中对绝缘臂的颠簸。

【操作要领】

（1）操作须由对车辆操作熟练的人员进行，操作应平稳进行，避免急启急停。

（2）作业位置应选择恰当，防止工作斗或绝缘臂同时接触不同的电位体，以免造成相间短路与单相接地情况发生。

（3）进入带电区域作业，切换至低速操作模式，升起绝缘臂至适当高度，回转至绝缘臂伸出方向朝向作业点，在保证有效绝缘距离的情况下操作主臂将工作斗伸至作业点附近，采用拐臂回转功能或升降工作斗的方式到达作业位置。

（4）小范围变换作业区域内位置时，旋转小拐臂（如有）或工作斗、升降工作斗、适当伸缩绝缘臂，尽量避免回转绝缘臂，防止碰触带电体、金属构件、设备。

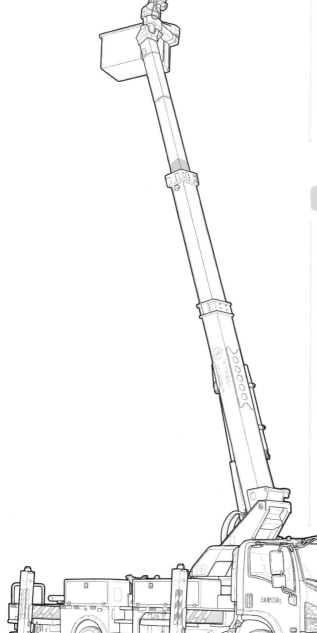

图 1-11 直伸臂式操作

2. 折叠臂式

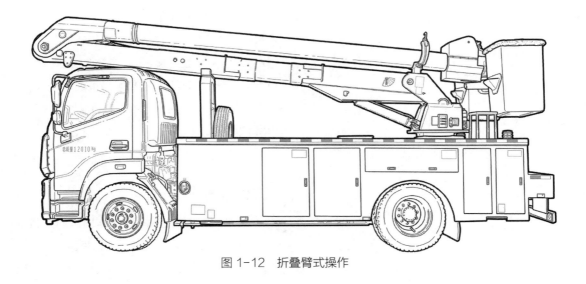

图 1-12　折叠臂式操作

【技能点】

（1）在绝缘斗臂车工作斗内操作时，应先将上臂从支架升起，达到一定高度后，再操作下臂升起，在确保四周安全情况下，根据作业点高度来调整上、下臂的仰起幅度，待与作业点水平高度接近时，回转下臂，将工作斗靠近作业点位置。

（2）作业完成后，先将工作斗回转至初始位置，再回转工作臂至臂支架对应位置，上臂与下臂交替回落，接近支撑架时，先将下臂落至支架内并稳固支撑，最后回落上臂至初始位置，并将工作臂扎牢锁死，防止车辆行驶过程中对绝缘臂的颠簸。

【操作要领】

（1）操作须由对车辆操作熟练的人员进行，操作应平稳进行，避免急启急停。

（2）作业位置应选择恰当，防止工作斗或绝缘臂同时接触不同的电位体，以免造成相间短路与单相接地情况发生。

（3）进入带电区域作业，切换至低速操作模式，时刻注意上下绝缘臂周围情况，确保与线路、建筑物、树木等的安全距离，根据实际工作现场情况去调整下臂的仰起角度。

（4）小范围变换作业区域内位置时，旋转工作斗或升降工作斗、适当起落上臂和回转下臂，时刻注意周围环境，防止与带电体、金属构件、设备发生碰撞。

3. 混合臂式

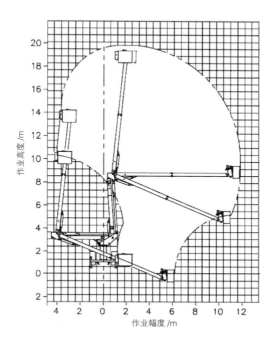

图 1-13   作业幅度、作业高度数据表

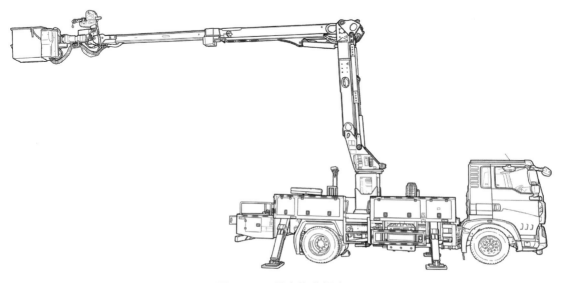

图 1-14   最大作业幅度

【技能点】

（1）在绝缘斗臂车工作斗内操作时，可先将上臂从支架升起，达到一定高度后，再操作下臂升起，旋转下臂对应工作位置，在确保四周安全情况下，根据作业点高度来调整上、下臂的仰起幅度，操作伸缩臂，在保证有效绝缘距离的情况下，将工作斗靠近作业点位置。

（2）作业完成后，先将工作斗回转至初始位置，将伸缩臂完全收回，再回转至下臂支架对应位置，上臂与下臂交替下落，接近支撑架时，先将下臂落至支架内并稳固支撑，最后下降上臂至初始位置，并将工作臂扎牢锁死，防止车辆行驶过程中对绝缘臂的颠簸。

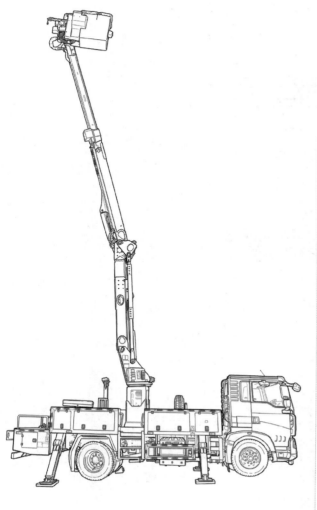

图 1-15　最大作业高度

【操作要领】

（1）操作须由对车辆操作熟练的人员进行，操作应平稳进行，避免急启急停。

（2）作业位置应选择恰当，防止工作斗或绝缘臂同时接触不同的电位体，以免造成相间短路与单相接地情况发生。

（3）进入带电区域作业，切换至低速操作模式，时刻注意上下绝缘臂周围情况，确保与线路、建筑物、树木等的安全距离，视情况决定上下臂的仰起角度。

（4）小范围变换作业区域内位置时，旋转工作斗或升降工作斗、适当伸缩绝缘臂来实现，尽量避免回转下臂，防止与带电体、金属构件、设备发生碰撞。

（5）当接近带电体前，要首先保证直伸臂式、混合臂式绝缘斗臂车的绝缘臂有效部分已伸出。

（6）伸缩臂式绝缘斗臂车在进行带电修剪树木工作后，应针对性地进行绝缘臂清理，防止在伸缩臂筒间、导轨槽等缝隙内积蓄木屑、木渣。

（7）折叠臂式、混合臂式绝缘斗臂车的绝缘臂操作顺序应正确，防止不当操作造成绝缘臂的严重损害。

（8）折叠臂式、混合臂式绝缘斗臂车的绝缘上下臂，应在收回后采用紧固装置扎牢锁死。

1.2.3 绝缘工作斗升降、摆动及拐臂摆动操作

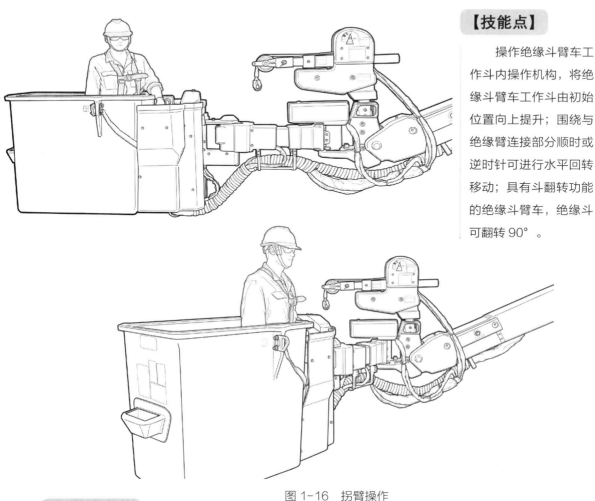

【技能点】

　　操作绝缘斗臂车工作斗内操作机构，将绝缘斗臂车工作斗由初始位置向上提升；围绕与绝缘臂连接部分顺时或逆时针可进行水平回转移动；具有斗翻转功能的绝缘斗臂车，绝缘斗可翻转90°。

图 1-16　拐臂操作

【操作要领】

　　（1）操作须由对车辆操作熟练的人员进行，操作幅度缓慢，避免急启急停。

　　（2）工作斗表面如有脏污，需清理擦拭干净并静置干燥后方可进行带电作业。

　　（3）在带电区域作业移动绝缘工作斗，应注意确认工作斗周围情况，保持与不同电位体的距离，防止与其他构件发生碰撞。

　　（4）绝缘臂与绝缘工作斗之间使用小拐臂连接的，通过小拐臂与工作斗的回转相结合，可以增大作业范围。

　　（5）进行带电作业时，严禁工作斗任何表面同时接触不同电位带电体。

　　（6）严禁以工作斗作为起吊重物或支撑导线的着力点。

　　（7）工作斗的翻转功能，必须特别注意，严禁斗内有人的情况下使用绝缘斗的翻转功能；带有小拐臂连接的绝缘斗，应注意回转幅度与主绝缘臂的夹角是否重合，防止造成工作斗与主绝缘臂严重损坏。

1.2.4　小吊装置操作

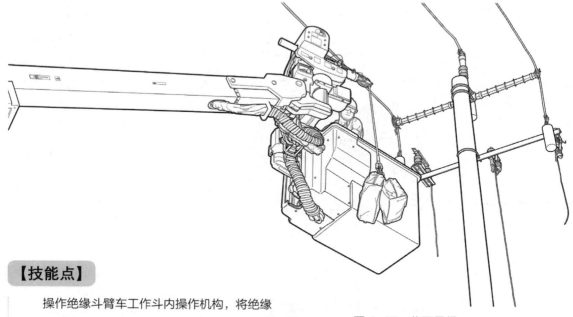

图 1-17　收回吊绳

【技能点】

操作绝缘斗臂车工作斗内操作机构，将绝缘吊臂做俯仰调节，展放卷扬机上的绝缘吊绳，在负荷允许范围内，进行吊放导线、金具、电缆、设备装置等工作。

【操作要领】

（1）绝缘小吊操作须由对车辆操作熟练的人员进行，操作幅度应缓慢，避免急启急停。

（2）绝缘小吊表面如有脏污，需清理擦拭干净并静置干燥后方可进行带电作业。

（3）操作工作斗内的吊臂操作开关，进行吊放，展放、收回吊绳要由专人指挥，根据起吊重物的相关规定进行操作。

（4）绝缘小吊在调整方向完毕时，必须将锁销螺杆插牢锁死，并严格检查。

（5）绝缘小吊起吊重物需垂直起吊，严禁斜向拉扯起吊。

（6）绝缘小吊卷扬机的绝缘绳应避免脏污、受潮，收卷绝缘绳要缓慢，整理绝缘绳要注意相互配合统一口令指示，防止造成作业人员受伤。

（7）安装绝缘小吊或吊臂，需多人配合，根据起重重量及作业角度调整作业角度严格按照起吊载荷表的参数值进行调整。绝缘小吊在调节好需要的仰起角度后，必须将锁销螺杆插牢锁死，并严格检查。

（8）拆除绝缘小吊，要多人相互协作、统一指挥拆卸，液压取力式绝缘小吊拆除后要将各油管快插接口套好防尘罩。

（9）严禁绝缘小吊起吊负荷不明或超负荷的物料，严禁起吊重物或支撑导线。

（10）小吊臂作业完成后，必须收回至初始位置。

1.2.5 工具接口操作

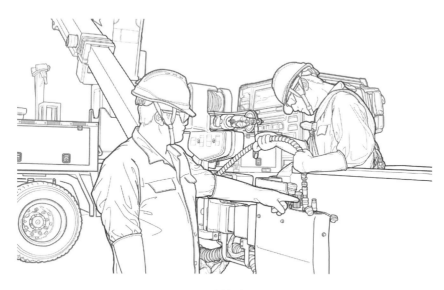

图 1-18 连接液压接口

【技能点】

绝缘斗臂车工作斗内有液压取力接口，将型号匹配的工器具液压油管与取力接口对接，获得车辆液压动力，进行树枝修剪、金具打孔、螺帽破拆、扭力扳手使用等工作。

【操作要领】

（1）安装液压工器具取力时，先将液压输出开关关闭，将输油管与回油管接口与斗臂车液压接口对接并检查扣好锁紧，防止液压输油不畅。

（2）保持液压工器具输油、回油管的表面清洁，及时擦干净油污，防止沾染绝缘工器具、防护用具。

（3）使用液压工器具时，根据动力情况调节液压取力的大小。

（4）进行带电作业时，液压工器具输油、回油管严禁接触带电体。

（5）拆除液压工器具取力时，先将液压输出开关关闭，再进行几次液压工器具的使用，以确认液压压力已完全释放关闭，打开输油管与回油管与斗臂车液压接口，并将斗臂车液压接口与工器具输油、回油管接口防尘罩扣好锁紧。

（6）在拆除液压工器具输油、回油管接口时，应保持管口垂直朝上，拆下后及时扣好防尘罩，防止渗漏液压油烫伤及沾染绝缘工器具、防护用具。

1.2.6　应急装置操作

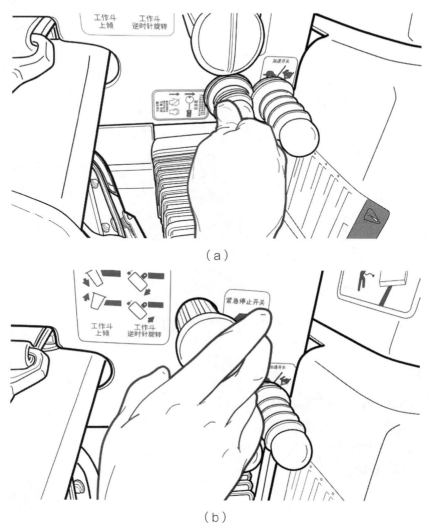

（a）

（b）

图 1-19　按下紧急停止开关

【技能点】

在绝缘斗臂车的发动机或取力器（PTO）出现故障的情况下，接通应急装置收回工作斗及绝缘臂。

【操作要领】

（1）打开应急泵开关，启动应急泵，同时操作工作斗、绝缘臂的变幅、回转、收缩手柄，使绝缘斗臂车在短时间内收回。

（2）电动应急泵避免连续工作，连续工作不能超过 30s，防止过热造成应急泵损坏。

（3）作业人员应熟练掌握应急开关、应急电源、应急泵的位置及操作方式，经常性检查，以确保应急装置能正常工作。

1.3 绝缘斗臂车常见故障及处置

1.3.1 底盘发动机故障及处置

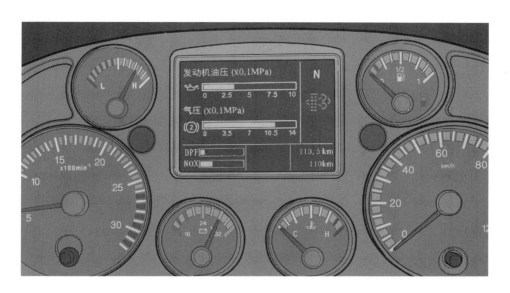

图 1-20 底盘空气系统压力

【故障现象】

底盘发动机无法启动。

【排除方法】

（1）顺时针旋转"急停"旋钮，解除"紧急停止"闭锁。

（2）更换继电器。

（3）更换保险丝。

1.3.2 上部工作斗操作、下部转台操作故障及处置

图 1-21 支腿全部有效着地

【故障现象】

　　上部工作斗操作、下部转台操作无动作，支腿操作正常。

【排除方法】

　　（1）检查上部/下部操作转换开关是否在相应位置。

　　（2）检查保险丝。

　　（3）操作并确认垂直支腿全部有效着地。

　　（4）再次操作车架调平开关，进行车架调平。

　　（5）当垂直支腿全部伸出时，先收回垂直支腿，再次操作车架调平开关，进行车架调平。

　　（6）车架水平检测传感器故障，联系厂家检测更换。

1.3.3　臂架操作故障及处置

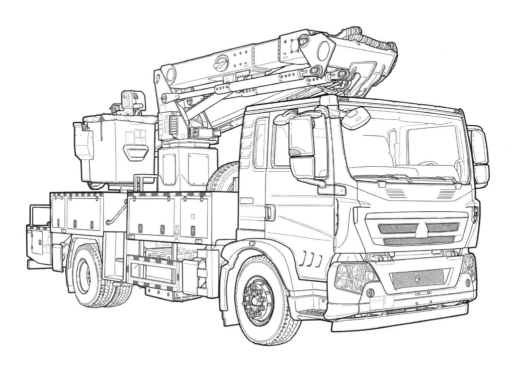

图 1-22　臂架操作故障

【故障现象】

　　（1）折叠臂式斗臂车臂架动作缓慢。

　　（2）臂架伸缩动作不能圆滑过渡和停止时摆动过大。

【排除方法】

　　（1）接通取力器，保持液压系统空运转一段时间。

　　（2）停机，待液压油温度下降后再继续操作。

　　（3）检查或更换吸、回油滤芯。

　　（4）更换支撑滚轮。

　　（5）更换新滑块或使用垫片调整间隙。

第 2 章

旁路作业车

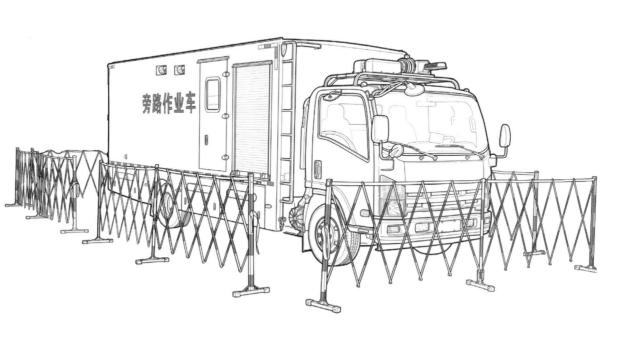

2.1 旁路作业车作业准备

2.1.1 车辆停放

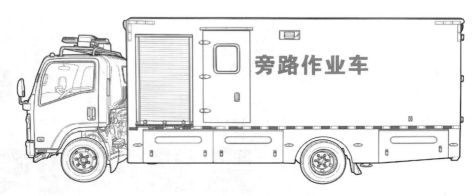

图 2-1 整车布置示意图

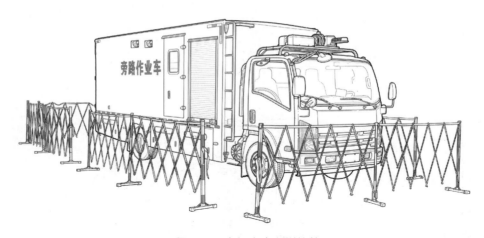

图 2-2 布好安全围栏停放

【技能点】

在旁路作业电缆接入点与接出点之间选择合适位置停放旁路作业车，车辆后部留出足够的空间，便于后部电缆收放作业，并设置好安全围栏。

【操作要领】

（1）车辆进入作业现场后，停靠位置应为宽松场地，尽量避开行人、车辆频繁通过的地方。

（2）车辆停放好后，将车辆挡位置于空挡，并将车辆可靠制动。

（3）车辆周围应设置安全围栏，禁止非作业人员进入。

2.1.2 车辆启动及取力操作

图 2-3 操作取力开关

【技能点】

旁路作业车进入作业现场后，在发动机启动怠速状态下，驾驶室内总电源按钮开关，闭合取力开关按钮，使取力器内齿轮与变速箱内的齿轮啮合，油泵运转，为布缆机构及支腿提供动力。

【操作要领】

（1）闭合车载电源开关及挂接取力系统前，应将车辆可靠制动。

（2）挂接取力前，应先将车辆离合器踏板踩到底，闭合车载电源开关按钮及取力开关按钮后，慢慢松开离合器踏板。

（3）断开取力开关时，同样应先将车辆离合器踏板踩到底，断开车载电源开关按钮及取力开关按钮后，慢慢松开离合器踏板。

（4）行车前，需断开取力开关。

2.1.3　车辆支撑（液压支腿）操作

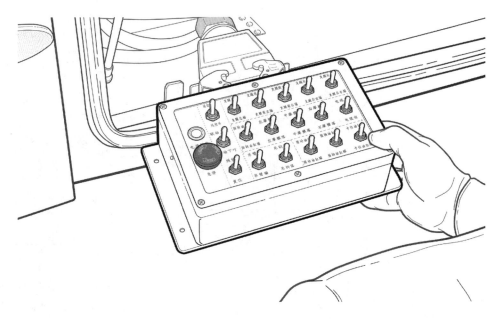

图 2-4　有线控制操作

【技能点】

　　车辆长期停放或长时间使用前，需要操作支撑装置，将车辆整体支撑，释放底盘钢板弹簧及轮胎的受力，保护底盘。

【操作要领】

　　（1）支腿操作须对车辆熟悉的人员进行操作。

　　（2）车辆尽量选择在水平并且坚固的位置进行停放。

　　（3）底盘处于启动状态，并且已经挂上取力。

　　（4）操作支腿控制手柄，手柄上抬为收支腿，下压为伸支腿。

　　（5）支撑过程中要时刻观察车体，确保车体无明显倾斜。

　　（6）严禁将支腿支撑在松软土质、下水管道盖板等不牢固、非承力构件上。

2.2 旁路电缆车展放机构操作

2.2.1 有线遥控器

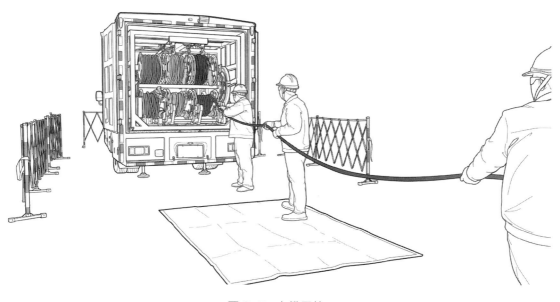

图 2-5 电缆展放

【技能点】

　　有线遥控器电源开关开启后，机构内电缆卷盘脱离上、下压轮机构的制动。

【操作要领】

　　有线遥控器仅在起吊电缆卷盘操作与检修时使用，其余状态均使用无线遥控器。

2.2.2　无线遥控器

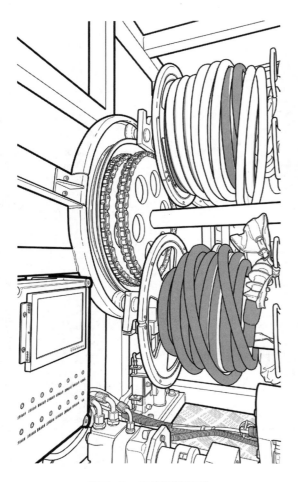

图 2-6　无线遥控展放

【技能点】

　　无线遥控器电源开关开启后，机构内上、下压轮机构自动脱离，电缆卷盘解除制动。

【操作要领】

　　（1）打开后部卷帘门，将无线遥控器从右侧机架放置盒上取出。

　　（2）操作前请确认无线遥控器上开关拨到"开"状态，此时遥控器上指示灯闪烁，无线遥控器可用。

　　（3）使用无线遥控器时，要确保有线遥控器开关拨到线控"关"状态。

　　（4）若开启后长时间未使用或者操作过程中有断电、急停操作，遥控器需要重启后方可继续使用。

　　（5）收车时，请按下复位按钮，且长按时长不少于11s，直至三处摩擦轮依次升起压制电缆卷盘后结束操作。

2.2.3　收、放电缆操作

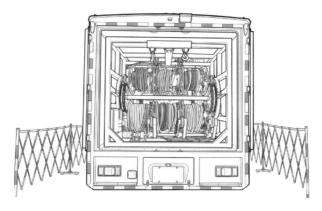

图 2-7　吊绳全缩

图 2-8　摩擦轮和电缆盘缩紧

【技能点】

　　使用有线或无线遥控器，利用车载卷盘卷收或展放用于旁路作业的柔性电缆。

【操作要领】

　　（1）收、放电缆作业时，应在车辆周围设置警示标志。

　　（2）打开后部卷帘门，将无线遥控器从机架放置盒上取出。

　　（3）操作前请确认无线遥控器上开关拨到"开"状态。

　　（4）优先使用无线遥控器进线操作。

　　（5）操作前需确认摩擦轮与电缆卷盘是否压紧，如未压紧，操作相应摩擦轮按钮，使其压紧电缆卷盘。

　　（6）根据工作的需要，可同时进行 3 个卷盘或单独某个卷盘的收放操作。

　　（7）收、放电缆的同时，应检查电缆外表面是否存在划伤、开裂等情况。

　　（8）旁路电缆放置在防潮帆布上，收、放电缆时，不可将电缆放置于地上拖拽，避免电缆磨损、划伤等。

2.2.4　联动上、下行的操作

图 2-9　遥控器

【技能点】

　　当一组电缆卷盘上的电缆收放完毕后，需操作联动上、下行动作，即可切换下一组电缆进行电缆收放的作业。

【操作要领】

　　（1）操作联动动作前，先按下左、中、右三处摩擦轮起落开关按钮使摩擦轮脱离电缆卷盘。

　　（2）长按联动上行或下行按钮，电缆卷盘会自动完成换位。

　　（3）当下一组电缆卷盘运行至收放线位置，且电缆轴两侧限动油缸卡住电缆轴后，停止联动操作，按下左、中、右三处摩擦轮开关按钮，使其摩擦轮压紧电缆卷盘，进行电缆收、放作业。

　　（4）在日常施工过程中，电缆收、放一个循环后，要求空电缆卷盘置于环形轨道上层，除非应急或检修操作，不允许电缆卷盘满载电缆置于环形轨道上层。

2.2.5 起吊电缆的操作

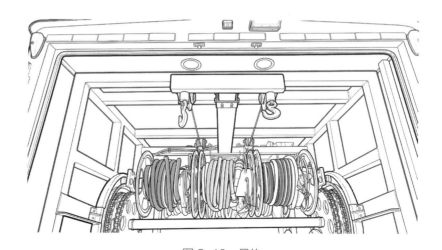

图 2-10 吊钩

【技能点】

起吊电缆操作主要满足电缆卷盘的维修或更换，需要从车上拆下电缆卷盘；其操作部分包括液压卷扬和吊重油缸两部分的操作；液压卷扬旋转实现吊绳的升降，吊重油缸伸缩，实现小吊臂的从车内到车外部的转换。

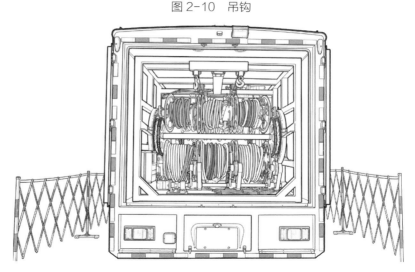

图 2-11 吊绳全缩

【操作要领】

（1）使用有线遥控器进行操作，操作前请确认有线遥控器开关是否处于线控"开"状态。

（2）使用套筒扳手拆除弯道两侧 M8 螺栓固定的堵板，便于电缆卷盘拆下或装入。

（3）起吊电缆卷盘时，吊臂下方严禁站人。

（4）起吊电缆时，需先操作"吊钩落"，使吊绳降落一部分后，再操作"吊臂伸"。

（5）在进行起吊操作时，吊臂伸缩与卷扬吊绳收放需协调控制，时刻观察吊绳长度，防止吊臂伸出后吊绳长度不足造成的吊绳崩断现象。

（6）起吊操作时，其两处起吊绳末端吊钩应均衡钩挂在中间两个卷盘辐板上，保证起吊位置的平衡。

（7）起吊电缆作业结束后，应将吊臂缩回至车厢内，使其吊钩上升至吊臂顶部。

（8）禁止在吊钩钩住卷盘时进行卷盘换位，即联动上、下行操作。

2.2.6　收车操作

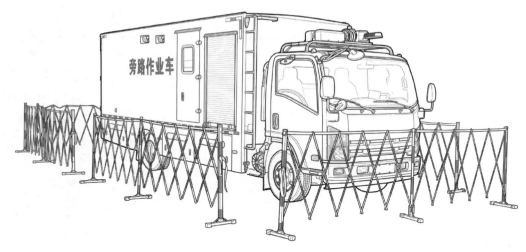

图 2-12　布好安全围栏停放

【技能点】

作业结束后，执行收车操作，达到最终收车即复位状态，卡位油缸伸出卡住随行叉，限动油缸支起卡住电缆轴，三个摩擦轮依次升起压住电缆卷盘，使其布缆机构中各机构得到充分限位，更有效地保障旁路作业车的行车安全。

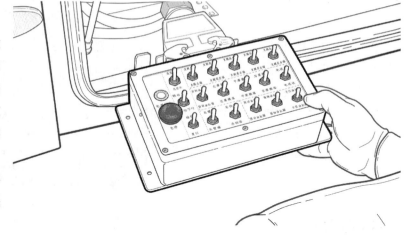

图 2-13　复位操作

【操作要领】

（1）收车操作时，长按复位按钮，观察布缆机构内动作是否达到最终收车状态。

（2）关闭遥控器电源后，观察布缆机构底部及顶部压轮机构的压轮条是否卡住每个电缆卷盘。

（3）收车时需确认，起吊装置的起吊臂及起吊绳是否处于全缩状态。

（4）收车时，关闭所有电源，关闭厢体各卷帘门舱门，确保门锁处于锁止状态。

（5）收车时，确认将支腿完全收起。

（6）收车时，确认断开取力开关按钮。

（7）禁止在布缆机构系统电源未切断的情况下，人员进入电缆施放区的车厢内部。

2.3 电气系统故障分析与处理

2.3.1 机构动作显示屏不显示

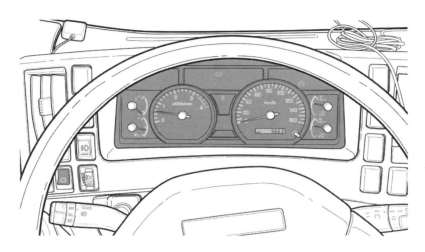

图 2-14 驾驶室操作电源总开关

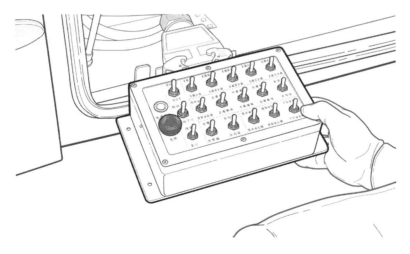

图 2-15 动作不显示

【故障现象】

　　机构动作显示屏不显示。

【排除方法】

　　（1）确认驾驶室内总电源开关是否打开。

　　（2）确认显示屏是否损坏。

2.3.2　遥控器无动作

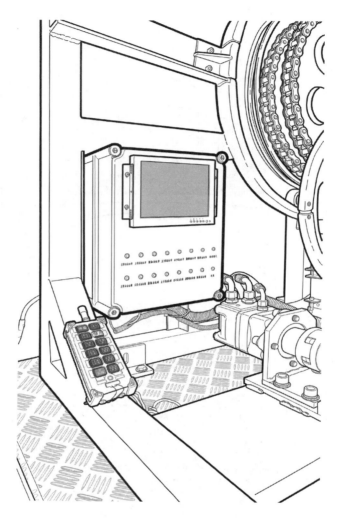

图 2-16　遥控器及遥控器控制模块

【故障现象】

遥控器无动作。

【排除方法】

（1）确认驾驶室内总电源开关是否打开。

（2）确认遥控器电池是否电量低，如电量低需更换电池或对电池进行充电。

（3）确认遥控器是否自动关闭，如关闭需重启遥控器。

第 3 章

电源车

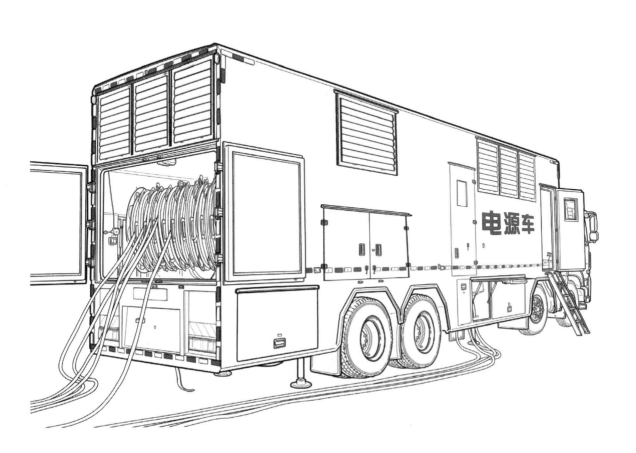

3.1　电源车作业准备

3.1.1　车辆停放

图 3-1　0.4kV 电源车

图 3-2　10kV 电源车

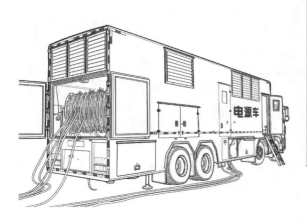

图 3-3　车辆备用

【技能点】

（1）电源车较长时间停放或短期内暂时不使用时，需要对车辆进行检查，确保车辆及车辆内部装置处于完全关闭状态。

（2）电源车需要进行作业前，选择利于电缆输出与接入的位置停放，输出电缆有序展放敷设，车辆及电缆展放通道做好安全围栏。

【操作要领】

（1）停放车辆时，应将支腿支撑于地面，释放底盘负荷。

（2）确认车辆内的油、水、气等无泄漏。

（3）关闭底盘电瓶处电源总开关及机组电瓶处总电源开关，切断全车电源。

（4）将车辆所有车门及车窗关闭。

（5）当长期不使用时，应将车辆停放到车库内，并定期对车辆进行维护保养，确保车辆及内部设备处于持续可工作状态。

（6）车辆进入作业现场后，停靠位置应为宽松场地，尽量避开行人、车辆频繁通过的地方。

（7）车辆停放好后，将车辆挡位置于空挡，并将车辆可靠制动。

（8）车辆周围应设置安全围栏，禁止非作业人员进入。

3.1.2 整车设备检查

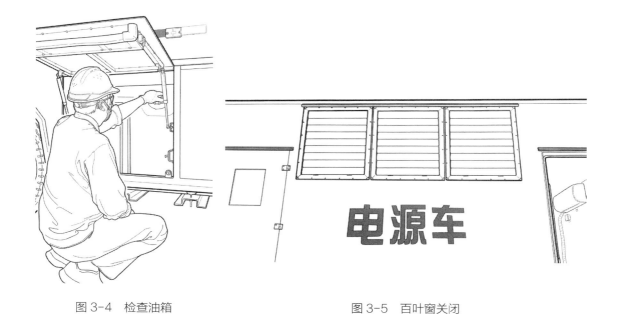

图 3-4 检查油箱

图 3-5 百叶窗关闭

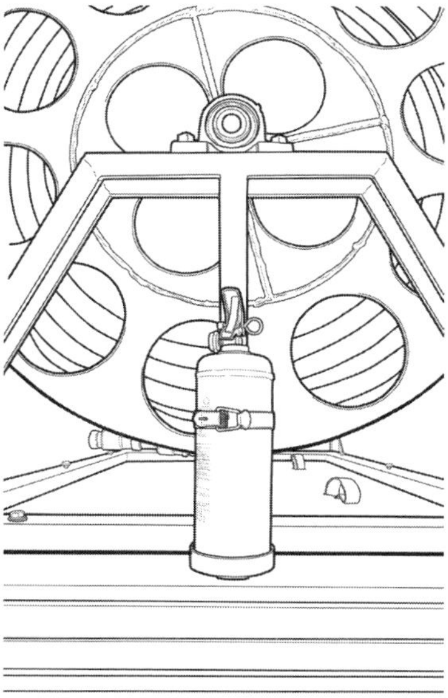

图 3-6 检查安全防护设备

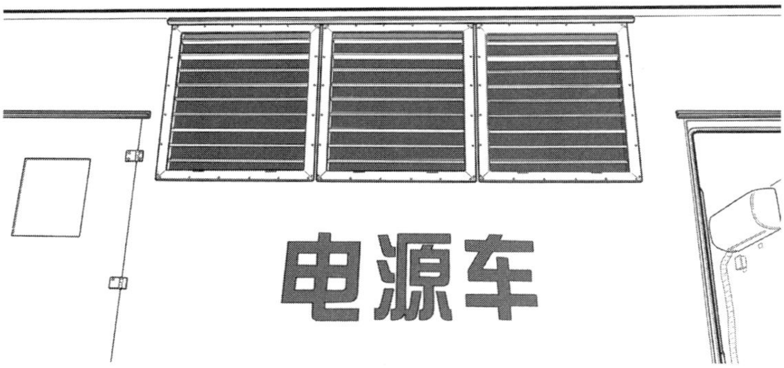

图 3-7 打开百叶窗

图 3-8　检查冷却液

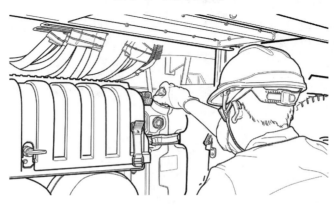

图 3-9　检查尿素罐

【技能点】

车辆在行驶前和作业使用前需要对内部设备进行检查，确保内部设备可以正常运行。

【操作要领】

车辆行驶前检查：

（1）车辆行驶前应进行例行检查。

（2）对油、水、气、电器元件、安全防护设备等进行检查，确认状态正常。

（3）确认百叶窗为关闭状态。

（4）确保各车门为关闭状态。

（5）检查支腿是否收回到位，电源是否为关闭状态，检查完成、确认安全才可进行行驶。

作业使用前检查：

（1）将车辆行驶至指定位置，检查油、水、气、设备正常，使其具备送电工作条件。

（2）检查机组蓄电池负极开关是否处于接通状态。

（3）打开控制面板上的钥匙开关确认百叶窗打开至工作状态。

（4）将整车接地线进行接地处理，确保整车保护接地良好。

3.1.3 车辆取力操作

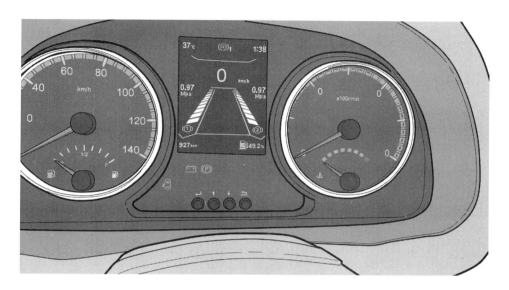

图 3-10 车辆气压

【技能点】

车辆的支腿和电缆卷盘动力源为底盘取力液压动力，在操作支腿和卷盘前后需要进行取力操作。

【操作要领】

（1）挂、摘取力器操作前，需要确认手刹处于拉紧状态。

（2）启动底盘，使底盘处于怠速状态。

（3）确认气压达到 0.7MPa，踩下离合器踏板。

（4）按下（接通或退出）取力开关，慢慢松开离合器（部分车型需要挂挡取力，操作前需要详细了解车辆取力操作要求）。

（5）确认油泵运转，检查转动时有无异常声响，确定运转正常后，即可作业。

（6）行车前，需要检查并确定底盘取力器处于脱开状态。

3.1.4　车辆支撑

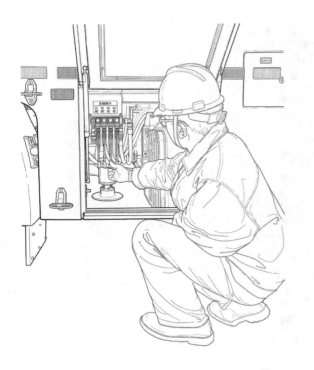

图 3-11　液压支腿操作

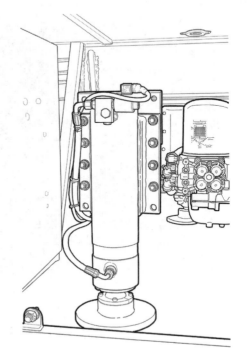

图 3-12　电源车支腿

【技能点】

　　车辆长期停放或长时间使用前，需要操作支撑装置，将车辆整体支撑，释放底盘钢板弹簧及轮胎的受力，保护底盘。

【操作要领】

　　（1）支腿操作需要经过培训的有经验的人员进行操作。

　　（2）车辆尽量选择在水平并且坚固的位置进行停放，严禁将支腿支撑在松软土质、下水管道盖板等不牢固、非承力构件上。

　　（3）底盘处于启动状态，并且已经挂上取力。

　　（4）操作支腿控制手柄，手柄上抬为收支腿，下压为伸支腿。

　　（5）支撑过程中要时刻观察车体，确保车体无明显倾斜。

3.1.5 车辆接地

图 3-13 安装接地桩

【技能点】

展放电源车接地线，从接地线卷盘上拉出接地线；将整车接地线与临时接地装置连接。

【操作要领】

（1）从接地线卷盘上拉出接地线，并将接地线通过接地线夹优先选择连接到就近电力专用接地桩上，并确保良好接地。

（2）如作业场地附近无电力专用接地桩，可采用随车接地探针进行临时接地，为确保良好接地，要求接地探针插在潮湿的地面，并保证接地探针插入有效深度不小于 600mm。

（3）需要定期对车载接地线进行接地电阻测试，接地电阻需要满足相关标准要求，如接地电阻不符合要求，须及时对接地装置进行检查和维修。

3.2　发电设备操作

3.2.1　发电设备控制部分操作

图 3-14　控制柜操作

【技能点】

（1）0.4kV（10kV）发电机组的控制及管理保护，均集成在发电机组控制器中，通过操作机组控制器中的相关按键，来实现发电机组的启停、分合闸等控制，并可以通过机组控制器来监控发电机组的运行状态。

（2）通过控制器及功能选择开关的配合操作，可以实现单机并网带载、并机带载、并机并网带载，单机并网和并机并网均可以实现不间断供电。

【操作要领】

（1）操作人员需要经过专业培训。

（2）操作前需要注意接通机组电瓶处总电源开关。

（3）控制柜处电源总开关打开后，需要确认车辆进排风百叶窗是否处于完全打开状态。

（4）常规发电操作仅仅需要操作机组控制器上的"启动""停机"和"分合闸"按钮即可。

（5）严格按照控制柜处操作说明进行操作。

（6）机组启动供电过程中，需要定期查看机组控制器处的机组相关参数及电子油位计处的油位，并对机组出现的报警及时有效的处理。

（7）进行单机并网作业、并机作业、并机并网作业等复杂作业时，要严格按照车辆所提供的作业流程执行。

3.2.2 柴油发电机组专用控制器操作

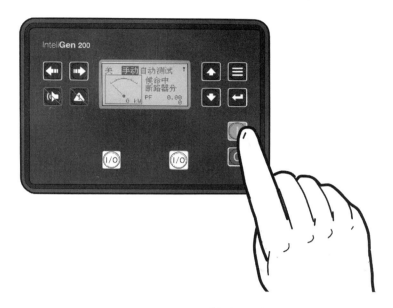

图 3-15 控制器操作

【技能点】

操作专用机组控制器对柴油发电机组进行监测和控制。

【操作要领】

（1）操作人员需要经过专业的机组控制器操作培训。

（2）机组启动时前期有一个怠速的过程，此时电压和转速均不稳定，不允许进行断路器的分合闸操作。

（3）机组停机后，机组也有一个怠速散热的过程，需要等待机组完全停止后，才能进行收车操作。

（4）机组运行时，需要时刻观察机组控制器的显示状态，如出现异常报警，会在控制器上显示具体内容，并有声光报警，有些报警为预警，有些较为严重的问题会出现直接报警分闸停机，具体处理方式需要根据具体的报警内容对应处理。

（5）柴油发电机组采用专用机组控制器，其操作全部集中到机组控制器上，操作人员在操作前需要对机组控制器进行学习和了解，熟悉其面板操作按键功能、内部监控参数位置、常规需要设置的参数及参数意义。

（6）发电机组专用控制器通常分为单机控制器、并机控制器、并机并网控制器，不同控制器对应的具体功能和操作均不一致，操作时要根据车辆附带的具体操作步骤进行操作。

（7）机组内部关键参数，出厂前均已设置好，除并机并网时需要设置通信地址和基数负载外，其余关键参数，均不可私自修改。

3.2.3 UPS 控制部分操作

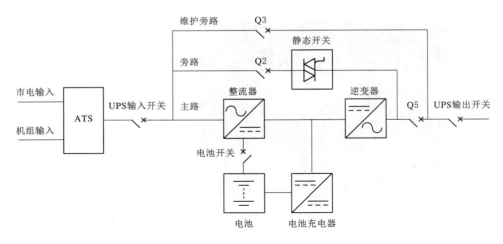

图 3-16 UPS 电源车一次系统图

【技能点】

UPS 为专业电力不间断供电设备，其操作主要分为三个部分：

（1）UPS 输入输出投入操作；

（2）UPS 主机开关机操作；

（3）蓄电池投入操作。

【操作要领】

（1）操作人员需要有电力相关的从业经验并经过专业的 UPS 设备操作培训后方可进行设备的操作。

（2）UPS 开机前，需要对设备连接线路检查，确保相序正确。

（3）UPS 主机开机操作要严格按照 UPS 主机开机步骤进行。

（4）操作投入开关前，要做好绝缘防护。

（5）开关投入过程，要严格按照 UPS 主机开机步骤进行。

（6）开机运行后，可以在 UPS 主机控制器主界面中查询相关的参数及异常报警等问题。

（7）UPS 主机运行时，应保证进排风畅通，确保主机热量可以正常散出。

（8）UPS 对负载供电时应串联在线路中，不能并网。

（9）UPS 使用时负载不能大于 UPS 主机额定容量。

（10）UPS 主机出厂前已设定相关参数，禁止私自修改关键参数。

（11）蓄电池（铅酸或锂电）应在其允许的环境温度下运行，可根据蓄电池舱具体的环境温度进行温度调整。

（12）蓄电池组串联直流电压较高，有触电危险，严禁碰触蓄电池及连接线、连接铜排处的裸露带电体。

3.2.4 磁悬浮飞轮储能控制部分操作

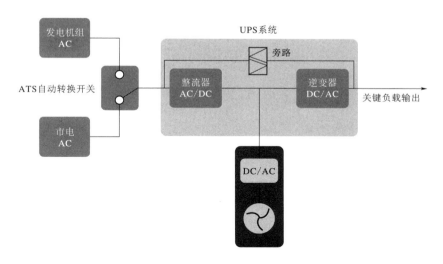

图 3-17 磁悬浮飞轮 UPS 系统图

【技能点】

　　磁悬浮飞轮储能装置是一种机械储能装置，操作前需要了解其整体结构及其工作原理，并充分了解其安全注意事项。磁悬浮飞轮储能装置主要操作为抽真空、启动和停止，其作为储能装置须与 UPS 配合使用，操作流程应嵌在 UPS 的操作流程中。

【操作要领】

　　（1）保持设备周围无水洼、潮湿和杂物。

　　（2）操作时应佩戴防护眼镜以及其他防护设备。

　　（3）在正常情况下操作系统时，须确保所有柜门已关闭，并遵守常规的安全防范措施。

　　（4）飞轮储能配有敏感的电气和机械组件，使用时，应始终保持与垂直方向的最小倾斜度，并且不要让设备受到过度的冲击或振动，设备的最大倾斜度不超过 15°。

　　（5）操作前需要检查真空泵油位，直流连接母线状态等关键部位是否处于正常状态。

　　（6）启动真空泵对飞轮储能装置进行抽真空作业时，系统可能需要 5~10h 才能达到所需的真空度。

　　（7）在启动飞轮储能装置之前，需要先启动 UPS 装置，并确认 UPS 装置状态正常。

　　（8）执行停机作业后，飞轮可能需要长达 3h 将转速降为 0r/min。

　　（9）仅在紧急情况下，按"紧急停机"按钮，可切断系统电源，紧急关闭电路，立即将整个系统（除 UPS 供电电路）隔离。

　　（10）系统维修时，请确保周围至少存在 1 名熟悉系统操作过程中存在相关危险性的合格技术人员。由于可能存在高电压，禁止单独工作。

3.2.5　其他发电设备控制部分操作

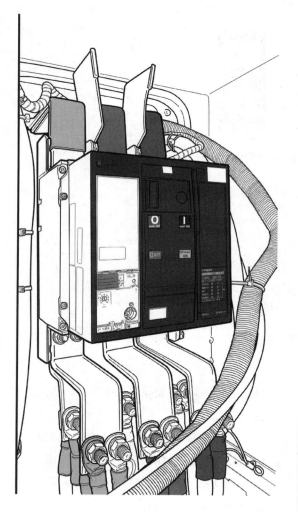

图 3-18　断路器开关控制

【技能点】

柴油发电机组的输出控制及保护装置与系统输出的电压等级有关，0.4kV 系统采用的是低压断路器，10kV 系统采用中压开关柜，操作技能点主要涉及的空气断路器的分合闸操作、中压开关柜断路器的分合闸操作、中压开关柜负荷开关的分合闸操作以及中压开关柜隔离开关的分合闸操作。

【操作要领】

（1）0.4kV 低压断路器及中压开关柜均采用电动操作，操作前，需要确认操作电源正常。

（2）0.4kV 低压断路器通过发电机组控制器进行。

（3）断路器的分合闸操作都在发电机组控制器上进行远程操作，操作时要注意观察控制柜处断路器的分合闸状态与开关柜处的分合闸状态是否一致。

（4）操作前要先检查一下中压开关柜气压表指示是否正常（表针指到绿色区域）；SF_6 气体压力不足时，应及时补充。

（5）禁止在 SF_6 气体压力不足的情况下操作中压开关柜开关。

（6）在手动操作中压开关柜时要做好人身绝缘防护。

（7）在操作中压开关柜前需要确认中压开关柜外壳保护接地良好。

（8）中压开关柜使用前需要检查确认内部一次线路连接处，连接完好。

（9）在操作中压开关柜断路器或负荷开关前，需要确认隔离开关是否处于闭合状态，如处于断开状态，手动操作将其闭合。

（10）中压开关柜每年要进行 1 次预防性试验。

3.2.6　电源车输入输出接口操作

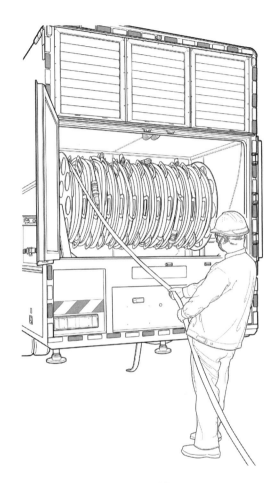

图 3-19　电缆展放

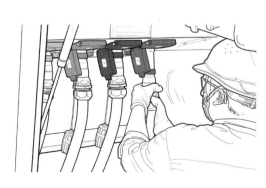

图 3-20　插入电缆插头

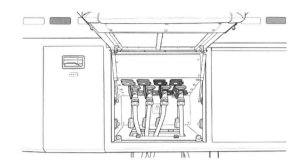

图 3-21　电缆已连接 1

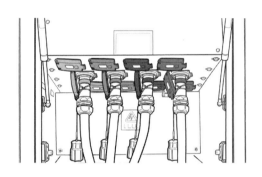

图 3-22　电缆已连接 2

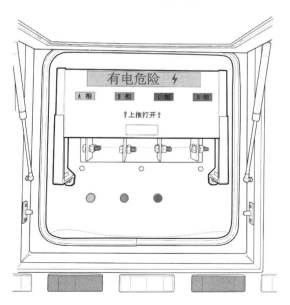

图 3-23　0.4kV 铜排输出

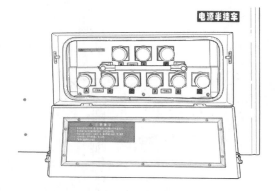

图 3-24　10kV 电源车快速输出

【技能点】

电源车输入输出接口，分为 0.4kV 和 10kV 两种不同的电压等级，0.4kV 电压等级电源车输入输出接口具有铜排连接和快速连接器连接两种连接形式；10kV 电压等级电源车采用 10kV 快速连接器进行输入输出连接；具体操作涉及中低压快速连接器的插接和铜排连接。

【操作要领】

（1）操作人员需要了解连接器的机构及原理。

（2）连接前根据快速连接器上的相序颜色区分相序。

（3）0.4kV 快速连接器连接时，要观察电缆快插头上的豁口位置需要与插座的限位销对齐。

（4）听到或观察到插头上的限位弹簧销柱进入插座卡槽中即为连接到位。

（5）使用解锁片将插头上的限位弹簧销轴从插座的卡槽中推出，旋转插头即可解锁快速连接器。

（6）使用铜排连接装置进行连接前，根据铜排防护罩上的相序颜色对应电缆上的相序颜色进行连接，连接后通过铜排防护罩进行裸露连接点遮蔽。

（7）10kV 电缆连接器连接前必须使用清洁纸清理中间接头和终端头，清理后涂抹绝缘硅脂。

（8）10kV 电缆连接器进行连接时，应先解除锁止状态，水平均匀用力，插入后将旋转滑套进行锁定。

（9）连接器在拔插时需要先进行解锁，禁止强力拔插连接器。

（10）连接器连接后为防止误操作，需要将连接区域进行遮蔽。

（11）10kV 连接器在进行拆解前需要对电缆进行放电操作。

（12）未使用的 10kV 中间接头接口，需要用绝缘堵头进行封堵。

（13）10kV 中间接头接口使用后需要用绝缘堵头进行封堵，防止污垢进入，破坏绝缘。

3.2.7 应急装置操作

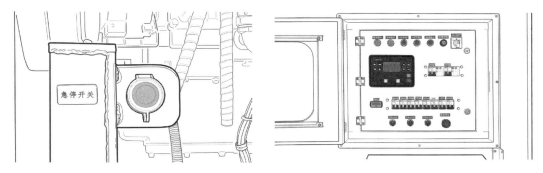

图 3-25 发电机组急停开关　　　　图 3-26 控制屏紧急停机

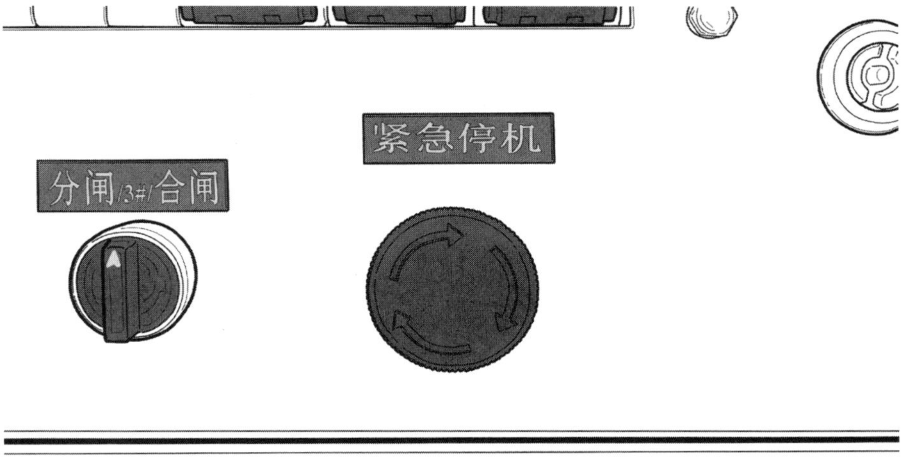

图 3-27 控制屏紧急停机按键

【技能点】

　　柴油发电机组出现异常时，需要操作急停开关，做紧急停机处理，急停开关处于两个位置，分别是控制柜处和车辆前部侧面位置，具体操作主要是急停开关的操作和恢复。

【操作要领】

　　（1）急停开关处有防误碰装置，紧急情况需要操作时，要避开防误碰装置。

　　（2）故障解除后，需要旋转急停开关，恢复开关状态。

　　（3）急停开关是发电机组处于故障状态时的一个应急处理措施，发电机组处于正常状态时，严禁触碰急停开关。

3.3　电源车常见故障及处置

3.3.1　柴油发电机组常见故障及处置

3.3.1.1　配电空气开关故障

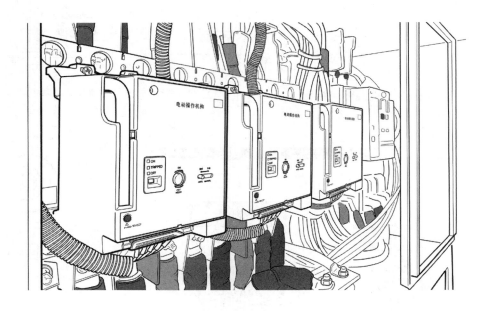

图 3-28　电动操作机构

【故障现象】

（1）机组配电空气开关自动跳开。

（2）机组配电空气开关无法合闸。

【排除方法】

（1）因机组过载，调整机组负载降低负荷，并机控制开关在分开位置，空气开关故障，须维修或更换。

（2）配电空气开关过载（短路）跳开后，需手动复位才能合闸，并机控制不同步不能合闸，如空气开关发生故障，须及时维修或更换。

3.3.1.2 机组控制器故障

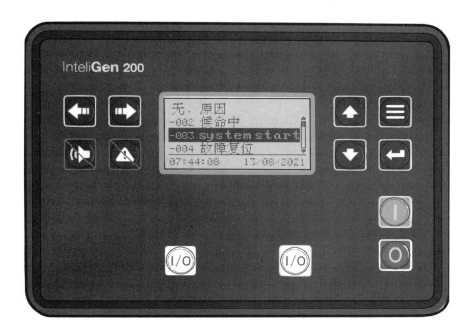

图 3-29 故障复位操作

【故障现象】

（1）控制器报警，机组停机。

（2）控制器报警电网故障，机组没有启动。

（3）电网正常，机组无法停机。

（4）无法实现远程监控。

【排除方法】

（1）控制器检测到机组故障而停机，需排除故障，断电（复位）后重新开机。

（2）ATS（双电源切换）控制系统没能提供"开机"信号，检查排除故障后启动，检查自启动油机仪表，必须上电且工作在"自动"状态，控制联络线接法如有误，应检查、更正接法，自启动油机仪表故障，应检修或更换。

（3）将机组冷却运行（3 ~ 5min）后重试，ATS 提供"开机"信号没有关闭，检查 ATS 故障并复位，油机仪表将机组油路电磁阀设置错误，应重新正确设置。

（4）确认机组是否按照"三遥"配置，确认通信线路连接是否正确无误，确认机组通信软件是否正确安装在控制网络电脑上，是否正确输入监控密码，如控制模块故障，应检修或更换。

3.3.1.3　机组本体故障

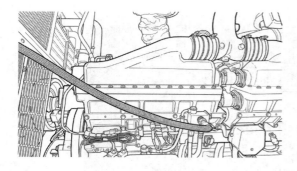

图 3-30　机组检查

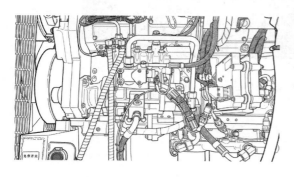

图 3-31　机组接头

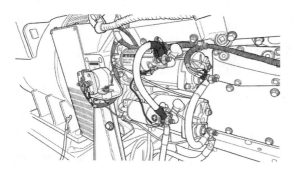

图 3-32　检查机组连接

【故障现象】

（1）机组启动困难或启动时间过长。

（2）机组启动后不能保持运行。

（3）机组启动冒黑烟、蓝烟、白烟。

（4）机组达不到额定转速。

（5）机组无法停机。

【排除方法】

（1）机组启动电瓶容量不足，对电瓶进行充电、补液或更换；启动继电器故障，更换继电器；启动马达故障，检查、更换马达；部分电调机组启动油门电位器过小，按照电子调速器说明书，适当调大该电位器；机组处于低温状态，设法提高机体温度，可选用机组加热器；机组处于高原空气稀薄条件，不能一次全速启动，必须在怠速下运行一定时间后才能升到全速运行。

（2）燃油系统中有空气或无燃油，将空气排除，通过手动燃油泵使燃油正常地从回油管中流出；燃油滤清器或空气滤清器堵塞，更换滤清器；空气稀薄地区怠速运行时间不足，适当延长怠速运行时间，确保机组暖机。

（3）使用错误类型或牌号的燃油、润滑油，更换为正确类型或牌号的燃油、润滑油。

（4）机组工作在超载状态，降低负载，不超过机组额定负载使用；电子调速板转速电位器设置有错误，按照电子调速器说明书，给予正确设置或更换。

（5）自启动机组，ATS 开机信号切断，机组仍运行，此为正常情况。机组进入冷却运行后停机，停机电磁阀失控，检查线路接线是否正确，必要时更换电磁阀。控制屏先断钥匙开关后，再按停机按钮。操作顺序错误，必须先按停机按钮后，再关断钥匙开关。

3.3.1.4　机组冷却散热系统故障

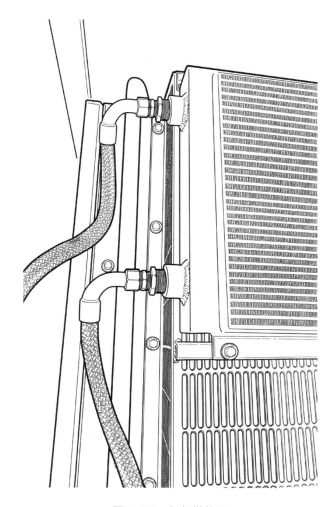

图 3-33　机组散热器

【故障现象】

机组温度过高。

【排除方法】

（1）散热器散热片阻塞，寻找解决阻塞原因，清洗散热器。

（2）散热器通风不畅，按安装要求，增大有效通风面积，确保通风畅通。

（3）冷却风扇运行不正常，检查风扇皮带张紧度，必要时更换皮带。

（4）风扇、水泵损坏，节温器、喷油泵故障，检修或更换以上部件。

3.3.1.5　机组排气系统故障

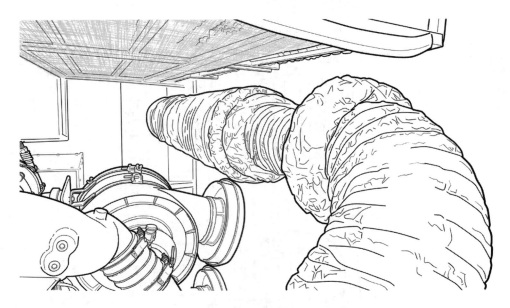

图 3-34　检查排气系统

【故障现象】

　　燃油或润滑油消耗超标，机组运行不稳、振动。

【排除方法】

　　排气管受阻（背压过高），检查排气管，控制背压。

3.3.2 其他关键检查

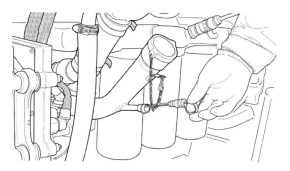

图 3-35 检查机油

图 3-36 检查机油尺

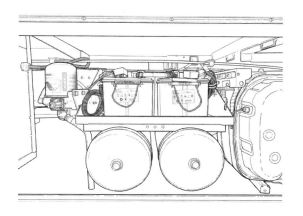

图 3-37 底盘启动电瓶

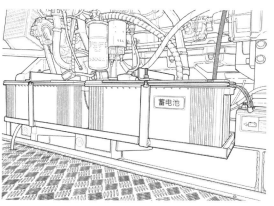

图 3-38 机组启动电瓶

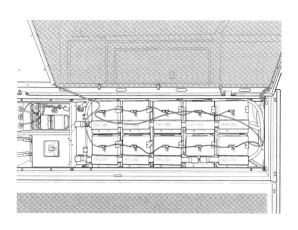

图 3-39 UPS 储能电池

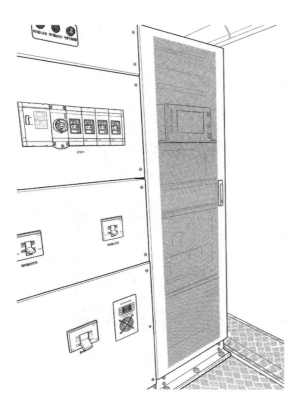

图 3-40　UPS 主机

专用车辆需要定期对专用装置及设备、配电装置及一次线路等关键部分进行检查和维护。

（1）定期对发电机组进行检查和维护，如长期停放，要求每月启动1次。启动前做好机油、柴油、防冻液等的检查，确保机组符合启动条件后，再进行启动。启动后机组不允许长时间空载运行，建议发电机组空载运行时间5~10min。

（2）定期对底盘启动电瓶、机组启动电瓶进行检查和充放电维护，检查和维护周期为每月进行1次。

（3）定期对 UPS 储能电池进行检查和充放电维护，检查和维护周期为3个月1次。

（4）定期对 UPS 主机进行开机检查和维护，如设备长时间停放，要求每月进行1次开机检查，确保设备运行正常，并做好设备防尘网处灰尘及污垢的及时处理。

（5）定期对飞轮储能装置进行检查和维护，检查和维护的点主要有真空过滤器、真空油、风扇、飞轮壳体、高压电容器。真空过滤器需要每季度检查1次；其余部分需要每6个月检查1次，必要时进行维修和更换。

（6）定期对一次配电线路进行检查，尤其是 10kV 配电线路，要求每年进行1次预防性试验。

（7）定期检查车辆设备中活动装置需要润滑的点，并定期做润滑处理。

3.3.3 磁悬浮飞轮储能常见故障及处置

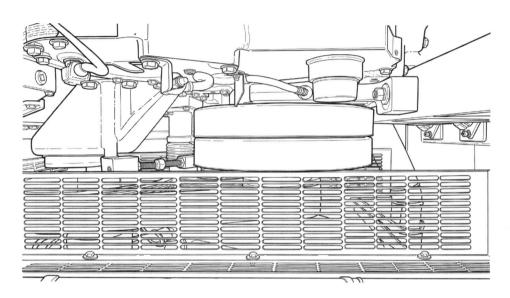

图 3-41 风扇检查

【故障现象】

　　柜体或飞轮外壳温度高，入口 / 出口堵塞或风扇不运转。

【排除方法】

　　检查进出风口是否畅通，检查散热风扇是否正常。

3.3.4　其他发电设备常见故障及处置

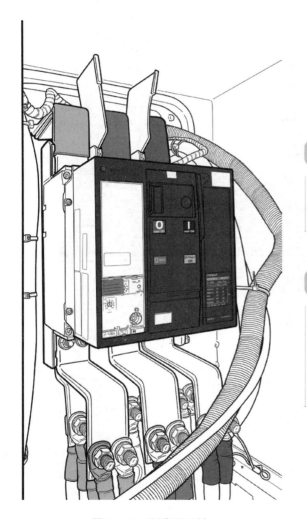

【故障现象】

（1）断路器无动作。

（2）电压不显示。

（3）对地短路。

【排除方法】

（1）熔断器烧断，更换相应规格熔断器。

（2）直流屏未供电，开启直流屏电源。

（3）熔断器故障，更换相应规格熔断器。

（4）接地刀闸处于合闸位置，断开接地刀闸。

图 3-42　断路器开关

第 4 章

移动箱变车

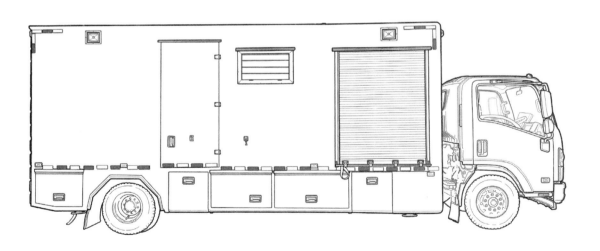

4.1 移动箱变车作业前准备

4.1.1 车辆停放

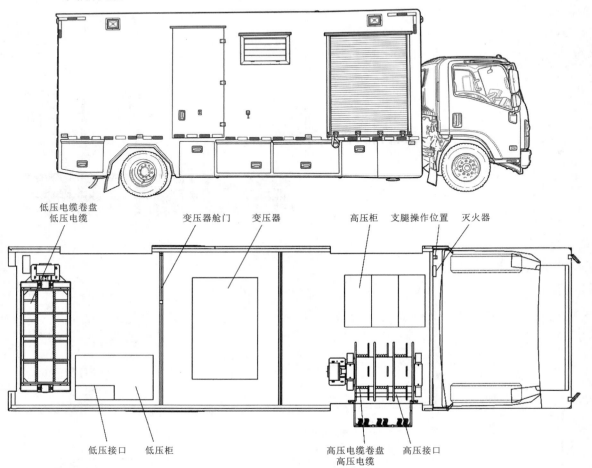

图 4-1 移动箱变车整车布置

【技能点】

　　驾驶车辆停放在利于电源输入及负荷输出的合适位置，车辆后部留出足够的空间，便于后部电缆收放作业，并设置好安全围栏。

【操作要领】

　　（1）车辆进入作业现场后，停靠位置应为宽松场地，并对车辆进行检查，确保车辆及车辆内部装置和设备处于完全关闭状态。

　　（2）车辆停放好后，将车辆挡位置于空挡，并将车辆可靠制动。

　　（3）车辆周围应设置安全围栏，禁止非作业人员进入。

　　（4）车辆后部要留出至少2m的空间，便于后部电缆收放作业。

　　（5）设置"止步 高压危险"的安全警示。

4.1.2 车辆启动及取力

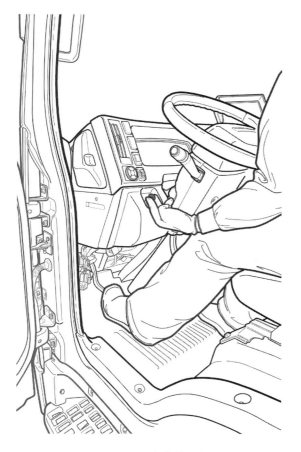

图 4-2 踩离合挂取力

【技能点】

启动底盘，打开驾驶室内车载设备总电源按钮开关，踩下离合器、按下取力开关、慢慢松开离合，使取力箱内取力齿与变速箱内的齿轮啮合，使油泵运转，为液压卷盘及支腿提供动力。

【操作要领】

（1）闭合车载电源开关及挂接取力系统前，应将车辆可靠制动。

（2）挂接取力前，应先将车辆离合器踏板踩到底，按下车载电器总电源开关按钮及取力开关按钮后，慢慢松开离合器踏板。

（3）断开取力前，同样应先将车辆离合器踏板踩到底，断开车载电源开关按钮及取力开关按钮后，慢慢松开离合器踏板。

（4）行车前,应确保取力器处于分离的状态。

4.1.3　车辆支腿

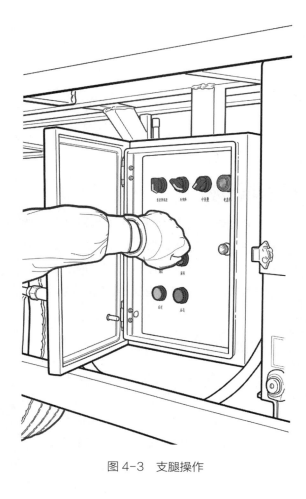

图 4-3　支腿操作

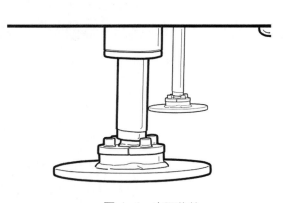

图 4-4　支腿收放

【技能点】

　　闭合车载电源开关及取力开关后，操作支腿操作杆，可同时（或依次）将车辆前、后各支腿伸出，而后操作支腿垂直支撑整车大部分压力，但不允许将轮胎撑离地面。

【操作要领】

　　（1）车辆尽量选择在水平并且坚固的位置进行停放。

　　（2）底盘处于启动状态，并且已经挂上取力。

　　（3）操作支腿控制手柄，手柄上抬为收支腿，下压为伸支腿。

　　（4）支撑过程中要时刻观察车体，确保车体无明显倾斜。

　　（5）在高低不平场地或支腿支撑处地基较软时，要用大木块垫在支腿撑板下。

　　（6）严禁在支腿未完全收回状态下，行驶车辆。

　　（7）除工作人员外，禁止其他任何人员和过往车辆进入施工现场。

4.1.4 车辆接地

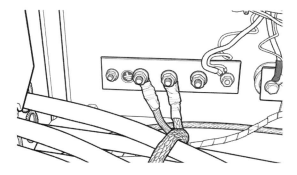

图 4-5 车体连接接地线

图 4-6 安装接地桩

【技能点】

　　展放移动箱变车整车接地线及中性点接地线，将整车接地线与临时接地装置连接；将移动箱变中性点接地线与原变压器工作接地装置连接。

【操作要领】

　　（1）整车安全接地线使用截面积不小于 50mm^2 多股软铜线并有透明塑料护套，接地线在地面应无缠绕、无叠压、无扭结。

　　（2）中性点接地线优先与原变压器接地装置进行连接。

　　（3）接地线两端均应固定可靠，连接点不应有污秽、锈蚀等现象，保证搭接可靠。

　　（4）临时接地钢钎直径应不小于 16mm，接地钢钎有效埋深应不小于 600mm。

　　（5）透明接地线为整车接地线，应与整车接地母排连接；150mm^2 电缆为中性点接地线，应与 N 排接连。

　　（6）必须保证接地线与车体及接地装置连接可靠。

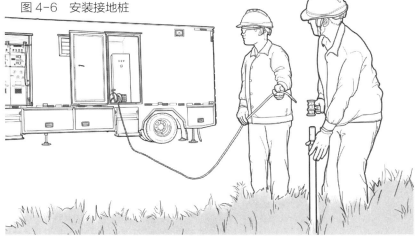

图 4-7 展放接地线

4.1.5 低压柜开关位置检查

图 4-8 检查开关位置

【技能点】

打开低压开关柜柜门，查看低压总开关和各分支开关的状态，均应在分闸位置。

【操作要领】

（1）低压总开关"OPEN"字样代表开关处在分闸位置，"CLOSE"字样代表开关处在合闸位置。

（2）分支开关"OFF"字样代表开关处在分闸位置，"ON"字样代表开关处在合闸位置。

（3）分支开关若采用手动操作将操作选择开关拨至"Manual"，若采用电动操作，将选择开关拨至"Auto"位置。一般情况下，选择开关应在"Auto"位置。

4.1.6　高压柜开关位置检查

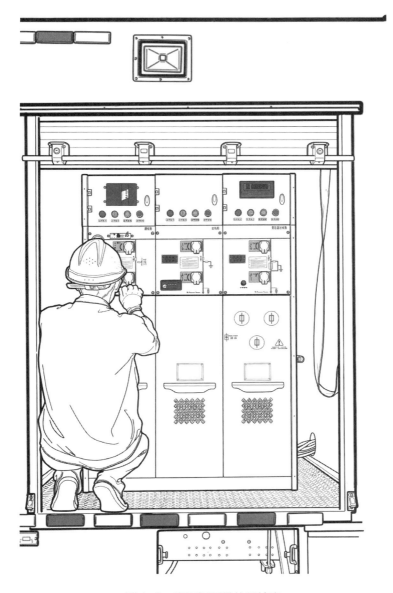

图 4-9　高压柜开关位置检查

【技能点】

打开箱变车车门,检查高压柜开关位置。

【操作要领】

(1)进线柜接地开关应在断开位置,开关也应在断开位置。

(2)变压器柜接地开关应在闭合位置,开关应在闭合位置。

4.2 移动箱变车操作

4.2.1 电缆铺设

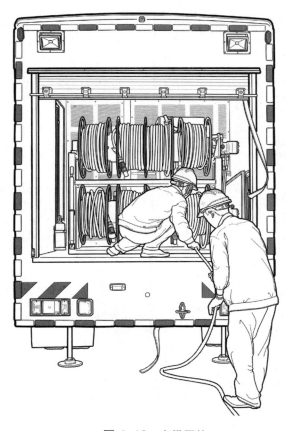

图4-10 电缆展放

【技能点】

　　取力挂接后，通过电缆卷盘遥控盒控制电缆卷盘，展放高压电缆、低压电缆、中性点接地电缆及整车接地电缆，并进行敷设。

【操作要领】

　　（1）展放电缆时，不可将电缆在地上拖拽，避免电缆磨损、划伤等。

　　（2）展放速度应适中，避免速度过快导致电缆散乱。

　　（3）展放电缆的同时，应检查电缆外表面是否存在划伤、老化等情况。

　　（4）应将电缆敷设在专门的电缆保护设备中，如防雨布、过线槽等。

　　（5）电缆展放完毕后，应设置防护围栏，设置安全警示"高压危险 请勿靠近"，禁止非作业人员进入。

　　（6）电缆展放完毕后，应对高低压电缆进行绝缘电阻测试等试验。

　　（7）电缆进行绝缘电阻测试试验时，应对电缆裸露部分进行有效的绝缘防护。

　　（8）绝缘电阻测试完成后，要对试验设备及电缆进行对地充分放电。

4.2.2　插接低压电缆

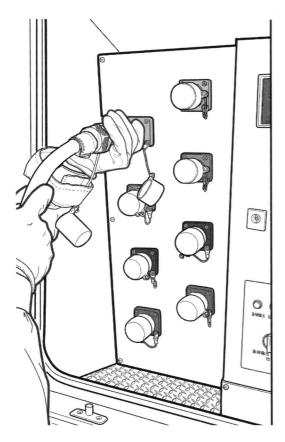

图 4-11　插接低压电缆

【技能点】

　　将低压电缆快速连接器插头与移动箱变车低压出线插座进行连接，旋转连接器插头，直至定位销自动销入锁止孔。

【操作要领】

　　（1）操作防护支架控制开关，使低压电缆防护支架伸至输出接口最右侧，对低压电缆进行保护。

　　（2）共有两路低压输出接口，确认对应输出接口后进行连接。

　　（3）按照颜色对应连接，连接完成后旋转进行锁定。

　　（4）不连接时，连接器应及时盖上防尘罩。

　　（5）连接前，检查插头及插座内是否有异物或氧化、腐蚀现象。

　　（6）电缆连接后，务必将电缆接头锁定。

　　（7）按压自带解锁片解锁后，拔下电缆接头。

　　（8）各路低压输出的额定电流为 600A，送电时应确保负载电流不超载。

4.2.3　插接高压电缆

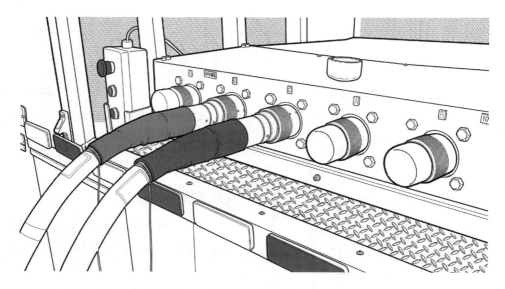

图 4-12　插接高压电缆

【技能点】

　　将高压电缆终端头与移动箱变车高压进线中间接头进行连接，并旋转滑套进行锁定。

【操作要领】

　　（1）连接前须用清洁纸清理中间接头和终端头。

　　（2）连接前应确认接头使用次数少于 1000 次。

　　（3）按照接口面板相序标识对应连接电缆，黄色电缆连接 A 相、绿色电缆连接 B 相、红色电缆连接 C 相。

　　（4）连接时，应先解除中间锁止状态，水平均匀用力，禁止强力拔插接头。

　　（5）未用的接口用堵头堵上。

　　（6）接头连接前，应先将电缆托架抽出并锁

止；接头连接后，将电缆防护板安装到位。

　　（7）连接前，须采用清洁纸对接头进行清理，并均匀涂抹硅脂。

　　（8）应在接头清洁剂干燥后，再均匀涂抹硅脂。

　　（9）电缆连接后，务必旋转滑套，不能将锁止孔和锁止销对齐。

　　（10）若接头使用次数大于 1000 次，该接头将不能继续使用，应进行更换。

4.2.4 开关柜操作

4.2.4.1 低压开关柜操作

图 4-13 选择自动模式

【技能点】

进行低压开关柜操作面板上的操作,选择低压输出方式:

(1)直接输出模式:模式选择开关旋至直接模式,操作合闸旋钮,对负载进行供电。

(2)检相序模式:模式选择开关旋至检相序。

1)手动模式:相序正确指示灯亮后,将手自动旋钮开关旋至手动,原线路断电 1s 后,操作合闸旋钮,闭合输出断路器;

2)自动模式:相序正确指示灯亮后,将手自动旋钮开关旋至自动。原线路断电 1s 后,输出断路器自动合闸。

(3)检同期模式:将模式选择开关旋至检同期,同期指示灯亮 2s 后,操作合闸旋钮,闭合输出断路器。

【操作要领】

（1）操作低压开关柜前，应先闭合驾驶室开关柜电源按钮。

（2）先闭合总断路器，再闭合分支断路器。

（3）检相序模式时，显示相序正确后，可采用相序表通过验电口对相序进行比对。

（4）检同期模式时，显示同期后，可采用万用表通过验电口测量两路电源的电压差。

（5）若相序错误，需将低压用户端任意两相对调，再重新检相序。

（6）若显示不同期，可查看准同期控制器，分析不同期原因，进行调整后，再次进行检同期。常见不同期原因及处理方法如下：

1）电压差过大：将箱变车高压电源切断，将箱变车变压器分接头位置调整到与配电变压器相同；

2）相位角差太大：检查变压器组别是否一致，若不一致，将箱变车组别切换至与配网变压器组别一致；检查高压、低压接线是否正确，若不正确，进行调整。

（7）箱变车与配电变压器并联运行的条件如下：

1）接线组别要求：旁路变压器与柱上变压器接线组别必须一致，否则不得并联运行。

2）变比要求：旁路变压器与柱上变压器变比应符合下列要求：① 当柱上变压器负载率大于50% 时，旁路变压器与柱上变压器变比应一致；② 当柱上变压器负载率不大于 50% 时，旁路变压器与柱上变压器变比差异不应超过 5%，即低压输出电压差不得大于 10V。

3）短路阻抗要求：对旁路变压器与柱上变压器短路阻抗的差异不要求。

4）容量要求：旁路变压器与柱上变压器容量应符合下列要求：① 当旁路变压器与柱上变压器变比一致时，旁路变压器的容量不小于用户最大负荷即可；② 当旁路变压器与柱上变压器变比存在 5% 级以内的差异时，旁路变压器的容量应不小于柱上变压器额定负荷容量。

（8）操作前，应先查看电力多功能表显示信息，确认电压、频率等是否正常。

（9）直接输出模式和检相序模式在合闸前，应先断开原低压线路电源；检同期模式下，合闸时，原低压线路电源不准断开。

（10）每路低压输出的额定电流为 600A，供电时，应确保不超载。

（11）相序正确仅能说明原线路相序与箱变车相序方向一致，不能说明三相一一对应。

（12）送电时，应确认操作的分支开关与低压输出分支是否为同一路。

4.2.4.2　高压开关柜操作

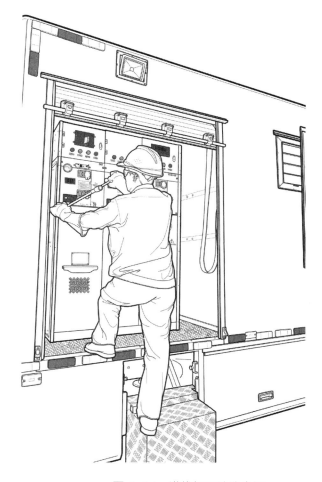

图 4-14　进线柜手动分合闸

【技能点】

　　采用高压柜操作手柄，首先断开变压器柜接地开关，然后闭合进线柜负荷开关，最后闭合变压器柜负荷开关。

【操作要领】

　　（1）进线柜的负荷开关及变压器柜的接地开关合闸时，顺时针旋转操作手柄；分闸时，逆时针旋转操作手柄。

　　（2）变压器柜的负荷开关合闸前，应先进行储能，再按下合闸按钮进行合闸。顺时针旋转操作手柄为储能。

　　（3）接地开关合闸后，操作手柄应继续向右旋转 90° 后再拔出。

　　（4）操作手柄旋转时，应用力均匀，不可使用蛮力。

4.3　送电前检查

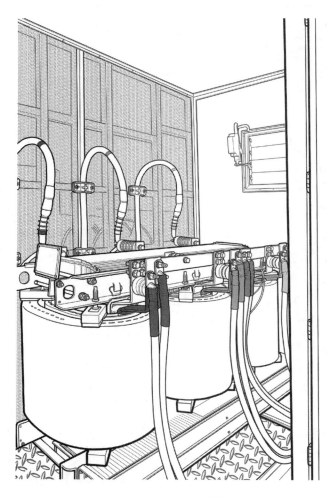

图 4-15　变压器舱检查

【技能点】

　　进行接地检查、电缆连接检查、高（低）压柜检查、变压器舱检查等一系列检查。

【操作要领】

　　（1）检查确认接地线已可靠接地，中性点接地线与配电变压器中性点接地桩可靠连接。

　　（2）检查并确认高（低）压电缆接头已插接到位，接头锁止正确，电缆颜色与接头相序一致，检查并确认高、低压电缆现场防护工作已到位。

　　（3）检查并确认高（低）压柜气压指针在绿色区域，高（低）压柜开关均处于断开位置。

　　（4）检查并确认高压柜熔断器安装位置正确，操作电源通电且指示灯显示正常。

　　（5）变压器舱门已关闭到位，变压器上方无杂物。

4.4　分合闸

图 4-16　进线柜手动分闸

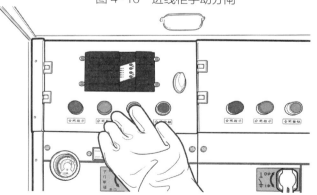

图 4-17　进线柜自动合闸

【技能点】

低压柜分合闸，操作低压柜分合闸旋钮，依次断开分支开关、低压总开关（合闸顺序相反）。

高压柜分闸采用手动方式或自动方式操作高压柜，依次断开变压器柜高压开关、进线柜高压开关（合闸顺序相反）。

【操作要领】

（1）按照顺序进行分闸操作。

（2）操作手柄旋转时，应用力均匀，不可使用蛮力。

（3）使用环网柜按钮进行分闸时，应将就地远方选择开关旋至"就地"；使用遥控盒进行分闸时，应将就地远方选择开关旋至"远方"。

（4）环网柜分闸完成后，将操作手柄放回原位置。

（5）高压柜分闸前，应确认低压柜开关已分闸，箱变车已无负载。

（6）所有手动分合闸操作应采用厂家配备的手柄进行操作。

4.5 放电泄流

4.5.1 高压回路放电

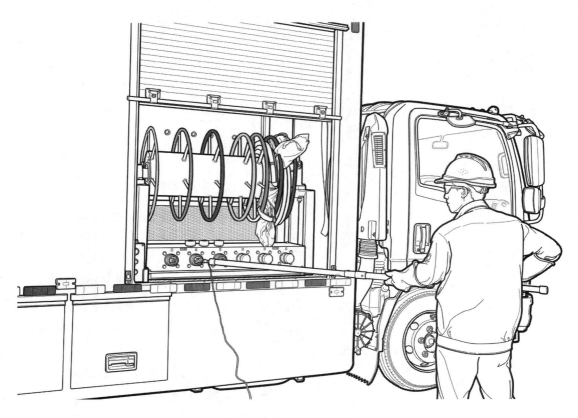

图 4-18 高压回路放电

【技能点】

高压引线电缆拆下后，闭合高压柜进线柜开关和高压柜变压器柜高压开关，在高压引线电源侧接口处进行对地放电。

【操作要领】

（1）放电前，不允许操作人员直接接触高压回路裸露点，确认箱变车已切断所有电源连接线。

（2）放电时，操作人员须穿戴绝缘手套。

4.5.2 低压回路放电

图 4-19 低压回路放电

【技能点】

低压电缆拆下后，闭合低压柜总开关及分支开关，在低压输出电缆用户侧接口处进行对地放电。

【操作要领】

（1）放电前，不允许操作人员直接接触低压回路裸露点，确认箱变车已切断所有电源连接线。

（2）放电时，操作人员须穿戴绝缘手套。

4.6　回收电缆

4.6.1　回收高压电缆

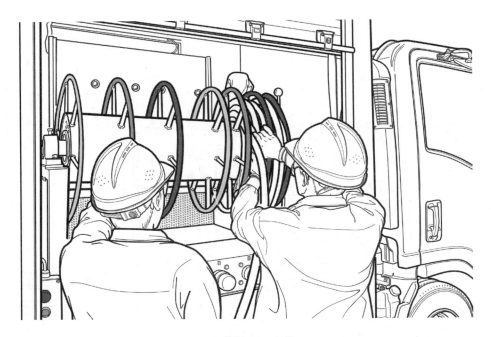

图 4-20　回收高压电缆

【技能点】

　　将高压电缆连接器解锁并拔下插头。取力器挂接后，通过电缆卷盘遥控盒控制电缆卷盘，回收高压电缆。

【操作要领】

　　（1）将终端接头的防尘帽安装到电缆终端头上，并将高压终端头套入接头保护袋内。

　　（2）将堵头安装到中间接头上，并进行锁止。

　　（3）回收速度应适中，将电缆缠绕整齐，避免回收速度过快导致电缆散乱。

　　（4）电缆回收的同时，应检查电缆外表面是否存在划伤、磨损等情况。

　　（5）将电缆回收至原存放位置，并固定可靠。

　　（6）应先将电缆对地完全放电后，再将连接器分离。

　　（7）接头安装防尘罩前，应先检查接头内是否有异物；若发现异物，应及时清理。

　　（8）不可将电缆在地上拖拽，避免电缆磨损、划伤等。

　　（9）回收电缆时，应注意身体与电缆卷盘的距离，防止电缆缠绕时，手指或手臂挤伤。

4.6.2　回收低压电缆

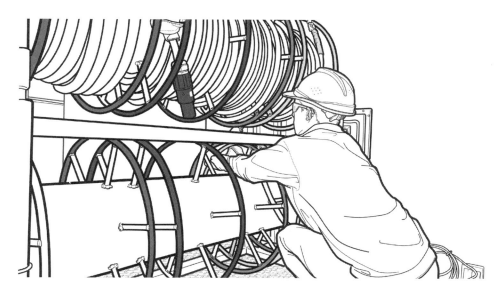

图 4-21　回收低压电缆

【技能点】

　　将电缆连接器进行解锁并拔下插头。取力器挂接后，通过电缆卷盘遥控盒控制电缆卷盘，回收低压电缆、中性点接地电缆及整车接地电缆。

【操作要领】

　　（1）电缆连接器拔下后，安装防尘罩，并将低压插头套入接头保护袋内。

　　（2）回收速度应适中，将电缆缠绕整齐，避免回收速度过快导致电缆散乱。

　　（3）电缆回收的同时，应检查电缆外表面是否存在划伤、磨损等情况。

　　（4）将电缆回收至原存放位置，并固定可靠。

　　（5）应先将电缆对地完全放电后，再将连接器分离。

　　（6）接头安装防尘罩前，应先检查接头内是否有异物；若发现异物，应及时清理。

　　（7）应采用自带解锁片解锁电缆连接器，然后拔下插头。

　　（8）不可将电缆在地上拖拽，避免电缆磨损、划伤等。

　　（9）回收电缆时，应注意身体与电缆卷盘的距离，防止电缆缠绕时手指或手臂挤伤。

第 5 章

移动工器具库房车

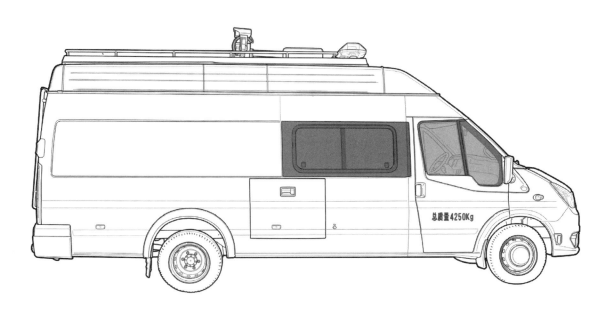

5.1　工器具库房车作业前准备

5.1.1　车辆接地

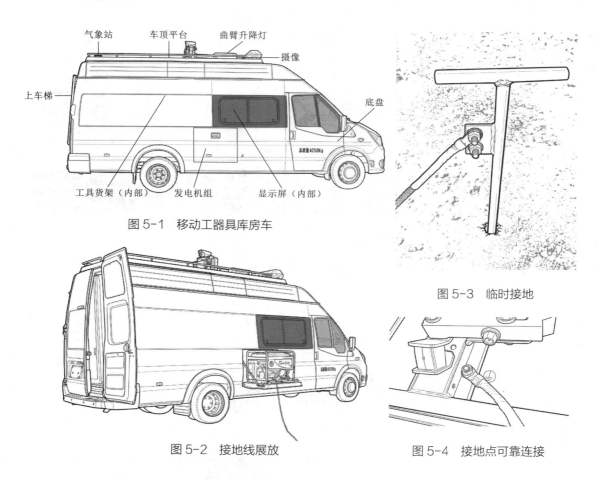

图 5-1　移动工器具库房车

图 5-2　接地线展放

图 5-3　临时接地

图 5-4　接地点可靠连接

【技能点】

　　展放工器具库房车的接地装置（多股软铜线），将接地线一端与发电机组接地点可靠连接，使用临时接地钢钎、接地线夹具连接并可靠固定。

【操作要领】

　　（1）接地线采用有透明塑料护套的截面不小于 $25mm^2$ 多股软铜线，接地装置上卷绕接地线应完全展放，接地线在地面无缠绕、无叠压、无扭结、无破损。

　　（2）装设接地线的固定或临时接地极（桩）应无松动、断裂、脱焊及严重锈蚀情况，接地极（桩）有效埋深不小于 600mm。

　　（3）将接地线一端与发电机组接地点可靠连接。

5.1.2 车载设备检查

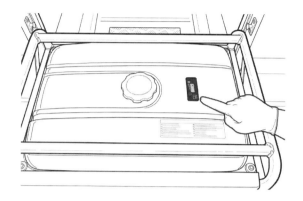

图 5-5 观察油位

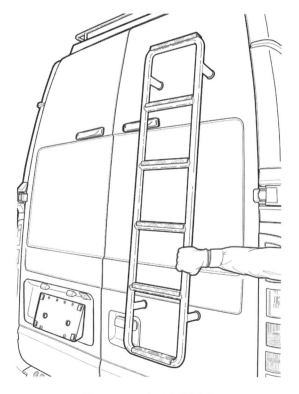

图 5-6 固定登高梯检查

【技能点】

检查发电机组燃油箱油位、工器具、除湿机、热风机、登高梯、发电机组等车载设备及工器具的固定情况，确认是否具备正常工作的条件。

【操作要领】

（1）检查发电机组油位时，先将发电机组抽出仓外，再打开油箱盖观察油位。

（2）工器具固定到位的标准是在行车状态下无窜动、无跳动，固定机构无脱开。

（3）当除湿机排水不畅或热风机进出风口有遮挡物时严禁启动除湿、烘干操作。

（4）登高梯缓慢收至最上方后将定位销销上，使登高梯固定牢靠。

（5）向外拉出发电机组，直至发电机组支撑平台锁止可靠。

（6）车载设备及工器具未完全固定时禁止开车。

（7）发电机组支撑平台未可靠回位后禁止开车。

5.2　工具库房车使用

5.2.1　电源操作

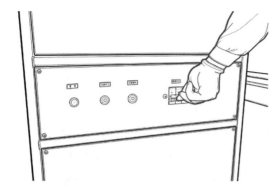

图 5-7　接通电源

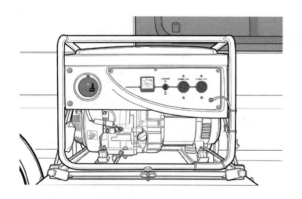

图 5-8　启动发电机

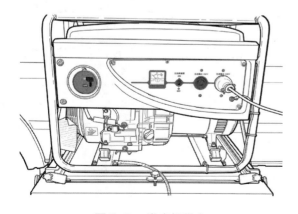

图 5-9　发电机供电

【技能点】

　　打开发电机仓门，抽出发电机组，启动发电机组对作业现场用电设备进行供电。

【操作要领】

　　（1）操作由对发电机组操作熟练的人员进行。

　　（2）在启动发电机组前，检查输出负载开关是否断开，发电机组是否抽出，设备是否接地。

　　（3）工作电源：工具库房内配电箱内设备电源（直流 12V 蓄电池）。

　　（4）外接电源：配专用防水外接电源插头，可以插入市电 AC 220V 电源。

　　（5）备用电源：5kW 汽油发电机，放置于发电机舱内，有滑动托架，可平移推出同时具有外接电源航插。

　　（6）发电机组使用时应确认其支撑平台完全抽出并锁止可靠。使用完毕后应确认其支撑平台完全回缩并锁止可靠。

　　（7）发电机组严禁长时间超负荷运转。

　　（8）发电机组严禁带负载启动。

　　（9）发电机组严禁在其未完全抽出的状态下使用。

5.2.2　温湿度控制操作

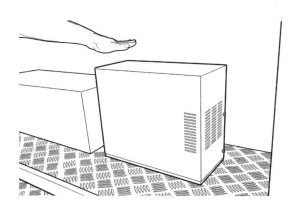

图 5-10　除湿机热风机检验

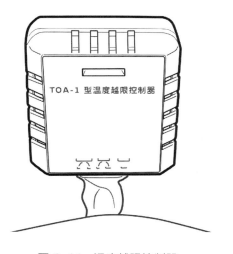

图 5-11　温度越限控制器

【技能点】

　　车辆处于启动状态、接入市电或启动发电机组，再登录显示屏中的除湿界面，可设置自动模式或手动模式来实现除湿机、热风机的启停，完成对工具仓的除湿。

【操作要领】

　　（1）操作由熟悉除湿系统操作的人员进行。

　　（2）除湿系统设置时推荐使用"自动模式"，通常设置为当工具仓内温度低于20℃时，热风机启动；当工具仓内温度高于30℃时，热风机关闭；当工具仓内湿度高于80%时，除湿机启动；当工具仓内湿度低于60%时，除湿机关闭。

　　（3）当需要快速启动或关闭除湿机和热风机时，可将除湿系统设置为"手动模式"，通过手动点击来实现除湿机和热风机的启停。

5.2.3　车内烟雾传感器操作

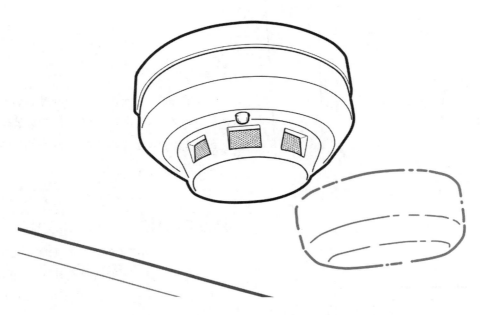

图 5-12　烟雾传感器

【技能点】

　　烟雾传感器能感应车内是否有异常烟雾，一旦检测到便发出红色声光报警。

【操作要领】

　　（1）操作由熟悉除湿系统操作的人员进行。

　　（2）报警后，立即切断设备电源。

　　（3）打开后仓门，排风扇通风。

　　（4）检查车内设备电源。

5.2.4 设备数据采集控制说明及参数设置

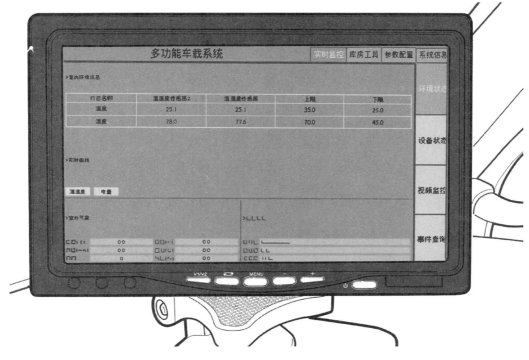

图 5-13 环境状态显示

【技能点】

环境状态参数采集、设备自动控制：车内的加热器和除湿机以及排风机有自动工作和手动工作模式。

【操作要领】

（1）当环境温度低于温度设定下限值时，开启加热器或者排风机。

（2）当环境温度低于温度设定上限值时，关闭加热器或者排风机。

（3）当环境湿度高于湿度设定上限值时，开启除湿机。当环境湿度低于湿度下限值时，关闭除湿机。

（4）手动切换至自动有30min的保持时间，即手动开启或者关闭控制设备（加热机、除湿机），需要30min后恢复到自动状态模式。

（5）室内环境信息：采集车内温湿度传感器的温湿度参数以及温湿度控制的上下限值。

（6）室外气象信息：显示微型气象站采集的信息，微型气象站没接通电源的时候，此栏下显示信息均"无效"。

（7）加热除湿环境设置："温度上限"和"温度下限"选项值决定加热器的控制，"湿度上限"和"湿度下限"选项值决定除湿机的控制。

（8）排风环境设置：温度上下限值决定排风机的控制。

5.2.5　云台照明操作

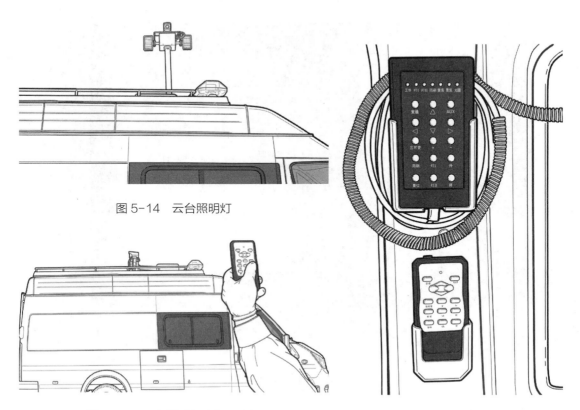

图 5-14　云台照明灯

图 5-15　云台照明灯未打开电源

图 5-16　云台照明有线、无线控制器

【技能点】

接通云台照明灯电源，使用云台照明灯遥控器对云台照明灯进行升降、俯仰、旋转、亮灯等动作，使云台照明灯照射作业区域。

【操作要领】

（1）操作由对云台照明灯操作熟练的人员进行。

（2）长时间采用底盘供电时启动车辆发电机。

（3）由于气体可压缩，当灯杆升长状态保持达 2h 后，应对灯杆重新加压。

（4）当灯杆外部表面有明显可见的灰尘、

砂砾等，灯杆伸长或缩短时出现故障，灯杆工作时有噪声，灯杆某一部分出现粘滞现象时，应及时进行维护。

（5）伸缩灯杆应该经常清洗和润滑，至少每月进行 1 次维护，以保证操作便利和延长使用寿命。

5.2.6　视频传输操作

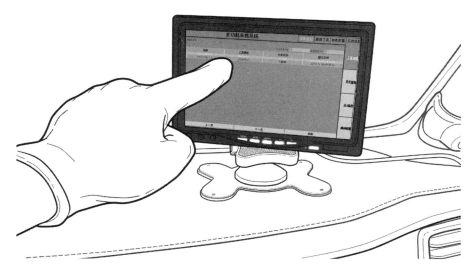

图 5-17　车库管理系统监控

【技能点】

　　视频传输系统是视频监控界面，实现车载设备、工器具以及车外作业现场的视频监控。

【操作要领】

　　（1）此界面为本地车载显示终端部分，非远程传输模块。

　　（2）本地视频录像操作，鼠标点击开启手动录像按钮。

　　（3）出现密码输入框，输入密码后按Enter，此时录像按钮变为红色，即开始录像。

　　（4）在停止录像后，鼠标在屏幕上右键点击，即会出现菜单，选择全天回放，所有当天的视频都会以时间段形式出现，根据时间即可找到需要的视频。

　　（5）远程视频查看操作：选用可正常上网的电脑一台，打开 IE 浏览器，输入网址，登录账户名：XXX，登录密码：XXXXX。

　　（6）点击视频预览图标，或者 FLASH 视频图标，会显示设备列表，找到相应名称并点击，当设备状态变成在线时，双击通道即可查看视频。

　　（7）设置 4G 远程视频监控的图像质量：视频格式：一般设置为 2，不建议修改。

　　（8）帧率、速率：设置得越大，4G 远程服务器上接收的视频质量就越清晰，图像越清晰，视频在网络中传输就需要更大的带宽。当在 4G 远程服务器上视频画面比较卡时，需要把"帧率"和"速率"的值适当调小，具体要根据实际的视频画面情况来确定。每个地方的网络带宽会有差异，这两个值只能根据实际的调试效果来设置。

5.2.7 工器具出入库操作

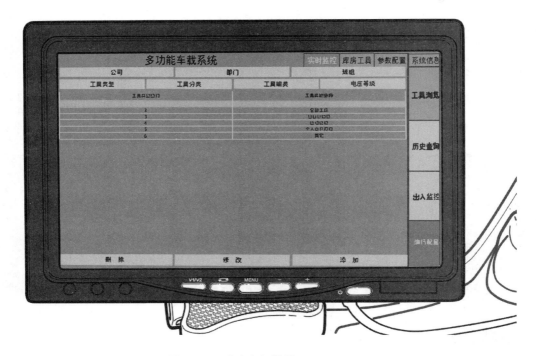

图 5-18 库房车操控管理界面

【技能点】

车载库房管理系统，可对车载带电作业工器具进行移动式储存、保养及使用情况监控。

【操作要领】

（1）未登记的工具标签不能进行识别。

（2）发现绝缘工器具中有效绝缘表面出现划伤、破损时严禁使用。

（3）工具录入步骤界面，点击"工具录入"按钮，即可弹出录入界面，在编码输入栏目填写上标签的代码即可。同一种类型的工具需要添加多件时，在"数量"编辑框中输入自己想要的数量。初始录入的工具都默认为"未登记"状态。此时只需再点击"登记标签"即可显示为已登记状态。

（4）写标签过程：点击"出入监控"栏目内的"工具录入"按钮，进入工具登记信息界面，填写工具信息。

（5）在工器具信息填写完毕后，填入标签编号即可。

（6）回到"出入监控"栏目查看工具登记情况，选中"未登记"状态的工具（变为蓝色）后，点击"登记标签"按钮，提示登记成功后，即可完成工具登记。

5.2.8 系统信息处理

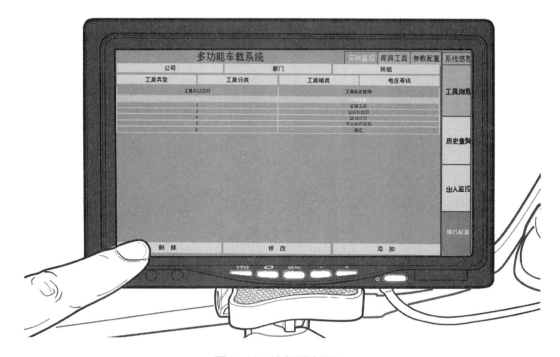

图 5-19 设备删除界面

【技能点】

使用信息处理功能，可将移动工器具管理系统与主管理系统连接，根据实际需要对工器具的出入库、添加删除、状态监测、寿命全周期等信息进行实时管控。

【操作要领】

（1）一般发布的软件是全功能配置的，根据客户功能需求进行实际设备连线配置。

（2）配置功能包括设备的添加、删除、修改连线属性。

（3）添加操作：点击"添加"按钮，弹出设备属性对话框，主要选项有"设备类型""设备名称""设备地址""端口号""控制属性"。

（4）删除操作：当需要去掉某一设备时，只需在列表中选中该设备，例如"车门设备"，然后点击"删除"按钮即可。

（5）修改操作：当需要修改某一设备属性时，只需在列表中选中该设备，例如"除湿设备"，然后点击"修改"按钮，弹出设备属性对话框，进行相应修改后，点击"确定"即可。

5.3　常见故障及处置

5.3.1　温湿度控制设备故障处置

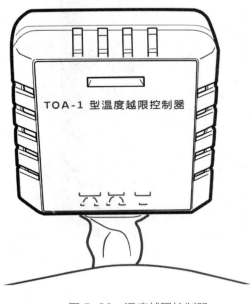

图 5-20　温度越限控制器

【故障现象】

（1）除湿机热风机未接通电源。

（2）除湿系统为自动模式，并且工具仓温湿度处于除湿机和热风机设定停止工作的范围内。

（3）除湿系统为自动模式，除湿机和热风机设定的温湿度启停参数自相矛盾。

（4）电路故障。

（5）除湿机或热风机损坏。

【排除方法】

（1）检查除湿机和热风机电源是否接通，除湿机和热风机均采用交流电源。

（2）重新设定除湿机和热风机的温湿度启停参数验证。

（3）检查电路。

（4）更换除湿机或热风机。

5.3.2　云台升降故障处置

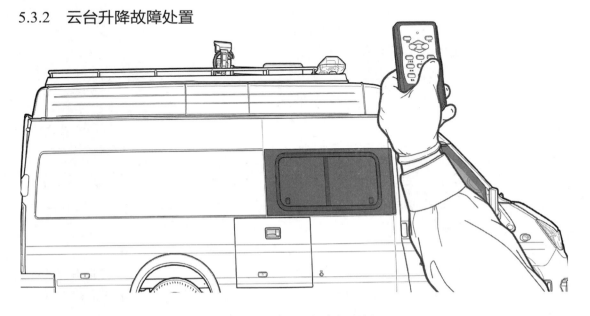

图 5-21　云台照明灯未打开电源

图 5-22 启动底盘

【故障现象】

（1）云台照明灯未接通电源。

（2）云台照明灯无线遥控器电池没电。

（3）云台照明灯采用底盘供电时底盘电瓶亏电。

（4）云台照明灯采用底盘供电时未打开电源开关。

（5）云台照明灯接插件接触不良。

（6）电线损坏。

（7）曲臂升降灯损坏。

【排除方法】

（1）检查云台照明灯电源是否接通。

（2）更换无线遥控器电池，可先采用有线遥控器操作。

（3）采用发电机组或市电供电，同时给底盘电瓶充电。

（4）将底盘钥匙拧至"ACC"挡或启动底盘，再打开电源开关。

（5）更换接插件。

（6）更换电线。

（7）更换云台照明灯。

第 6 章

其他带电作业特种车辆

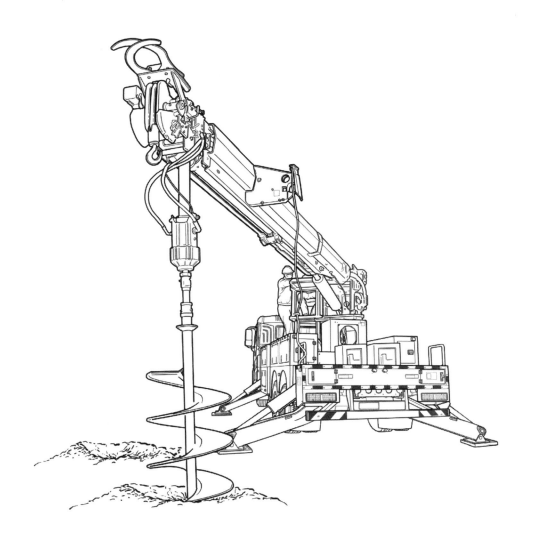

6.1 线杆综合作业车

6.1.1 液压系统驱动力转换（PTO）

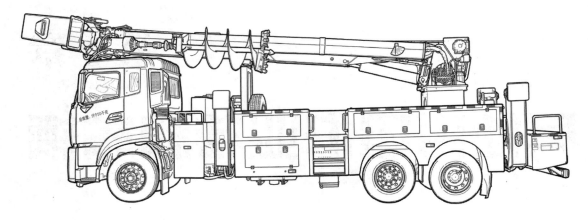

图 6-1 整车主要部件示意图

图 6-2 踩离合＋挂取力

【技能点】

　　线杆综合作业车进入作业现场后，在发动机启动怠速状态下，将车辆的行驶驱动力转接至线杆综合作业车液压驱动力器（PTO），并接通上装电源。

【操作要领】

　　（1）转换车辆驱动力及接通上装操作电源前，应将车辆可靠制动。

　　（2）车辆的行驶驱动力转接至上装液压驱动力时，应将车辆离合器踏板踩下。

　　（3）某些气体制动车辆，有可能因气缸压力不足，造成驱动力转换无效，应达到仪表盘上气压表的标准值，再进行驱动力转换。

　　（4）绝缘臂操作电源接通后，车辆支腿或支腿操作盘应有灯光指示灯点亮，否则应检查操作电源保险或电路是否存在故障。

6.1.2 车辆支腿操作

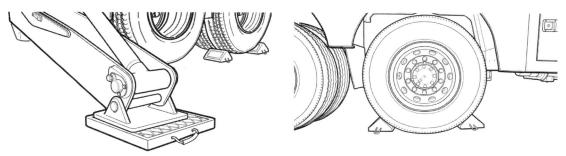

图 6-3 支腿垫板

图 6-4 阻轮器

【技能点】

接通线杆综合作业车支腿操作开关,同时(或依次)将各支腿伸出,而后操作支腿垂直(或侧向下)支撑整个车辆完全抬起。

【操作要领】

(1)车辆停放位置受到臂架伸展范围、上装运动以及支腿伸出所需空间的限制,需确认支腿及上装运动范围内,没有任何阻碍其运动的物体。

(2)选择既水平又坚固的地面,并尽量靠近作业位置。

(3)当有支腿车辆在斜坡上调平时,高侧支腿单侧跨距会减小,作业稳定性变差,因此在调平过程中应尽量避免通过缩回较高侧的支腿进行调平。车辆可停放的最大路面坡度为车辆纵向向上5°以内。

(4)支腿受力支撑前应选择适当位置放置好垫板,同时应使用挡轮器将车轮前后轮固定好。

(5)支撑过程中,应时刻观察横纵向水平仪,根据水平度倾斜情况调整各支腿的横纵向幅度,以保证车辆整体不发生明显倾斜。

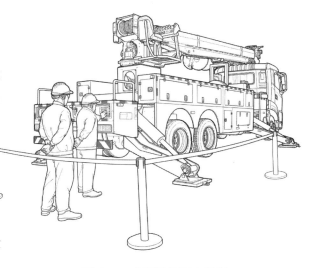

图 6-5 支腿操作设立围栏

(6)禁止非工作人员和过往车辆进入施工现场。

(7)严禁将支腿支撑在松软土质、盖板、雨篦、涵管等不牢固或非承力构件上。

(8)严禁在支腿已垂直受力的情况下进行水平方向上的伸缩操作。

(9)严禁在支腿未完全收回的情况下移动车辆。

(10)操作支腿前必须考虑到在斜坡上轮胎对车辆稳定性和地面摩擦力的影响,车辆在积雪路面停放时,必须先清除积雪,确认路面状况,采取防滑措施后再停放。

6.1.3　车辆接地

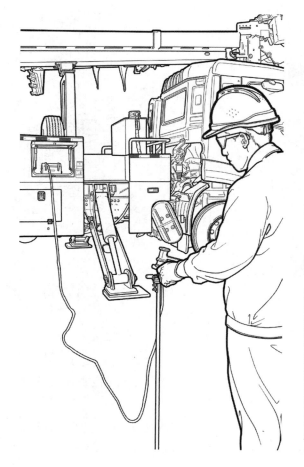

图 6-6　接地线安装

【技能点】

展放线杆综合作业车的接地装置（多股软铜线），使用临时接地棒、接地线夹具连接并可靠固定。

线杆综合作业车的接地，应避免与作业点杆塔、设备的工作接地共用接地桩，并且保持一定距离。

【操作要领】

（1）接地线使用有透明塑料护套的长度不小于 10m、截面不小于 25mm^2 多股软铜线，接地装置上卷绕的接地线应完全展放，接地线在地面无缠绕、无叠压、无扭结、无破损。

（2）装设接地线的固定或临时接地极（桩）应无松动、断裂、脱焊及严重锈蚀情况，接地极（桩）有效埋深不小于 600mm。

6.1.4　车辆下部操作

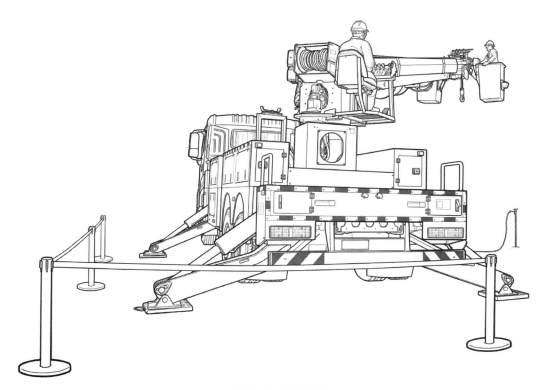

图 6-7　起升场景

【技能点】

　　使用线杆综合作业车下部操作机构，对绝缘臂进行起降、回转、伸缩、卷扬升降以及螺旋钻机动作等各功能的操作，以确定车辆液压系统工作正常，操作灵活、制动可靠，脚踩油门，可以加速各项动作。

【操作要领】

　　（1）试操作前，将操作开关转至"下部操作优先"，使用下部操作机构进行试操作。

　　（2）试操作须由对车辆操作熟练的人员进行，操作幅度应平稳，避免急启急停。

　　（3）线杆综合作业车试操作，严禁操作人员在工作斗内（上部操作机构）进行。

　　（4）线杆综合作业车试操作时，操作人员时刻观察周围环境，避免绝缘臂和工作斗与其他建筑物、构件、树木等碰撞造成损害。

　　（5）遵循保障作业安全的原则，不同厂家、不同类型的线杆综合作业车，会有功能差异或特殊要求，应详细学习、参考产品说明书进行了解，根据要求进行相应"作业前检查"。

6.1.5　钻孔作业

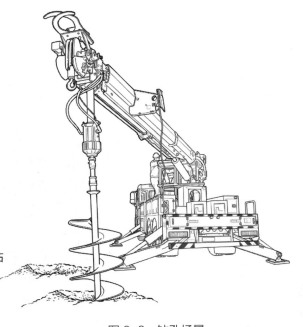

【技能点】

通过下部控制面板或通过无线遥控器控制钻孔作业。

【操作要领】

图 6-8　钻孔场景

（1）操作须由对作业操作熟练的人员进行，操作应平稳进行，避免急启急停。

（2）设备的使用应根据正在进行的特定工作环境和土壤条件而有所不同；特殊环境下应制作专门的作业方案进行指导作业。

（3）释放和回收钻头时，应处于低速状态，高速状态时钻头会卷动过快，卷动过快可能产生冲击载荷，损坏钻头固定装置。

（4）螺旋叶片携带泥土时，慢慢转动钻头离开地面。通过钻头振动开关连续转动螺旋钻和调整转动方向，可清除钻头叶片的泥土。操作者也可通过提高钻头速度清除泥土。

（5）钻头保持相对平稳的下向力时，钻孔是最有效的。臂与钻孔开关相互配合，根据土质情况产生不同的力度与速度。

（6）使用臂的下降、旋转、中间臂伸出等功能跟踪钻头的推进。有角度的钻头可能产生较大侧载荷。

（7）不要在挖掘系统损坏的情况下操作设备。

（8）如果螺旋钻吊绳断裂，可能会导致人员死亡或严重受伤，应及时更换磨损或损坏的螺旋钻吊绳。

（9）人员被旋转的螺旋钻击中可能导致死亡或重伤；使用螺旋钻时，禁止人员靠近行走或站立的吊杆。

（10）安装或卸载螺旋钻时，选择设备低速控制。

（11）施加过大的向下力会使吊杆产生侧向载荷，从而损坏机组。

（12）不要用弯曲的螺旋钻或加长轴的螺旋钻。

（13）避免发动机长时间的过高转速，否则会导致部件加速磨损。

（14）作业完成后，须先将伸缩臂完全缩回后配合螺旋钻吊绳再收回钻头，然后回转臂体至支架对应位置后将臂体落至支架内并稳固支撑。

6.1.6 抱杆作业

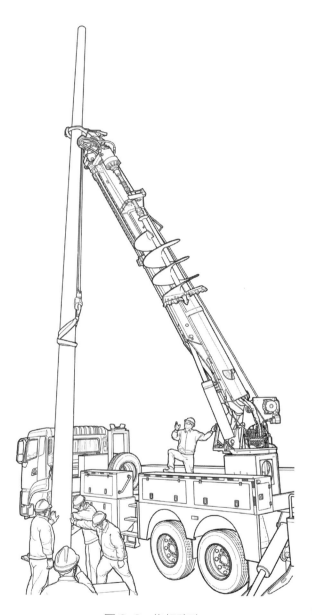

图6-9 抱杆移动

【技能点】

利用提升器可使电杆从地面上松动，当电杆在地面松动后，从下部控制面板操作卷扬起吊系统来吊起电杆，通过抱杆导向钳实现电杆向前或向后等方向移动。

【操作要领】

（1）确保电杆周围的地面是水平的。如果地面不平整，用铲子挖出平整的地方，或放置垫板。提升器的整个底座必须牢固支撑，防止提升器底座弯曲。

（2）提升器应避免设备承载过多的负荷，正确使用提升器以最大限度地降低设备损坏的风险。

（3）把吊装绳索系在电杆的重心偏上位置，防止电杆翻转，同时留出一定的起吊高度，一旦电杆被提升器从地面拉松，使用吊装绳索来移动电杆。

（4）对于超过起吊额定工作载荷的负载，需使用多组起吊装置配合作业。

（5）当电杆离地松动时，紧固吊装绳索，将提升器从电杆旁移开。

（6）抱杆导向钳仅作为导向使用，当起吊电杆时，应使用起吊绳套来吊起，严禁使用导向钳夹紧电杆或提起任何电杆的重量。

（7）在操作提升器之前，用吊装绳索固定住电杆，并清除该区域内的所有非作业人员。

（8）作业位置应选择恰当，防止工作斗或绝缘臂同时接触不同的电位体，以免造成相间短路与单相接地情况发生。

（9）在操作下部工具系统时，臂架不得在带电导体附近抬高。

（10）作业前做好检查，并及时更换磨损的绳索。

6.1.7　带电作业

【技能点】

通过上控制或下控制调整绝缘臂、转台或工作斗等装置，来使工作斗到达作业区域。运用吊臂可以将物料送到工作位置。

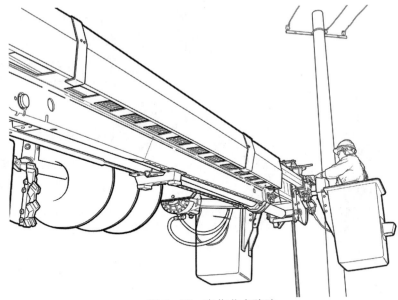

图 6-10　向作业点移动

【操作要领】

（1）操作工作斗，将线杆综合作业车主臂从支架升起，在确保四周安全的情况下，达到一定高度后，在保证有效绝缘距离的情况下，操作主臂将工作斗伸至作业点位置，使用制动器锁止工作斗后方可进行作业。

（2）可根据作业需要，安装或拆卸工作斗。

（3）操作须由对车辆操作熟练的人员进行，操作应平稳进行，避免急启急停。

（4）与带电导线接触，使用绝缘臂缓慢伸出的方式，避免采用回转或仰起绝缘臂方式，以防止绝缘臂晃动幅度过大造成危险。

（5）为防止由于操纵杆碰撞而导致动臂意外移动，操纵杆上有 1 个联锁触发器，除非联锁触发器已闭合，否则动臂不会移动。

（6）在提升重物之前，先判定重物总重，包括人员、工具、物料及衬斗，总重量不得超过铭牌标示的额定载荷。

（7）在提升任何负载之前，将动臂旋转到负载位置，以防止卷扬绳在动臂上侧向拉动而损

坏装置。

（8）臂架及支腿等回收到位后，才可移动车辆。

（9）行驶前，始终要锁止工作斗制动器。

（10）机器的工具、物料及金属零部件，包括臂尖和控制装置，都可能会带电，使用时应特别小心，严禁由不熟悉车辆操作方法的人员进行操作。

（11）线杆综合作业车泄漏电流检测（如有）时的操作，必须再次检查车辆接地装置是否接地良好，无关人员不得靠近车辆。

（12）作业位置应选择恰当，防止工作斗或绝缘臂同时接触不同的电位体，以免造成相间短路与单相接地情况发生。禁止超出所列载荷值。

（13）当作业完成，首先解锁工作斗制动器，脱离带电作业区域后将工作斗恢复至初始位置，并完全收回绝缘臂，操作工作臂至臂支架对应位置，保证工作斗、工作臂与支架牢固接触。

6.2 履带式绝缘斗臂车平台

6.2.1 装载 / 卸载设备

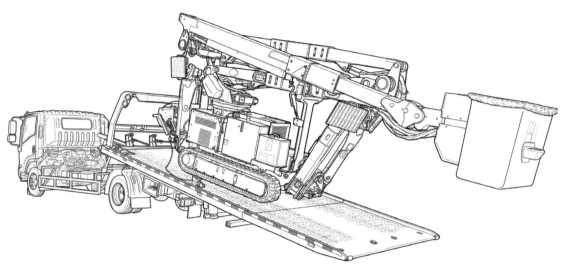

图 6-11 整车侧面

【技能点】

　　履带式绝缘斗臂车使用塑胶（橡胶）履带式底盘，主要用于山地、田间等轮胎式车辆难以到达的地方作业，如长距离转移需用转运车辆进行装载运输到作业地点。装卸时需要在平坦的地面上进行，以防止地面倾斜产生滑动。

【操作要领】

　　（1）将绝缘斗臂车从拖车上卸载时，拖车应停在平坦的地面上，同时使用挡轮器将车轮前后固定好。

　　（2）合理调整拖车斜坡位置，取下固定绝缘斗臂车的绑带，然后开始卸载绝缘斗臂车。

　　（3）启动绝缘斗臂车、驱动绝缘斗臂车时，使用可行的最低行走速度将其从拖车上卸下。

　　（4）将绝缘斗臂车装载回拖车时，绝缘臂应处于完全回缩状态并可靠地落在臂托架上。向

前驱动设备，直到履带到达拖车车板上中间位置。

　　（5）绝缘斗臂车上明确标识了与拖车固定的连接点，用绑带将其与拖车车板固定牢靠。

　　（6）使用叉车装卸时，应将货叉伸入底盘指定叉装位置，整个转运过程中应始终保持履带式绝缘斗臂车处于水平状态，避免发生倾覆现象。

　　（7）使用吊装设备装卸时，应在厂商指定的吊装位置固定吊装装置，转运过程中应缓慢、平稳，避免发生倾覆现象。

6.2.2　车辆行走操作

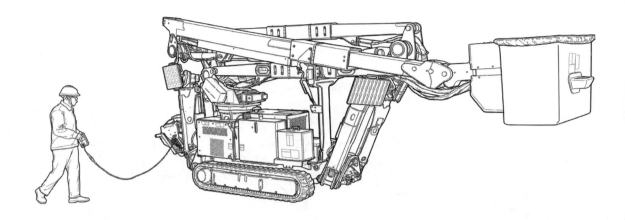

图 6-12　遥控行走

【技能点】

操作行走前，确保支腿及上装等处于行驶位置，操作遥控器或行走控制器，控制装备进行前进、后退、转向和扩轨等动作，直至到达工作地点。

【操作要领】

（1）履带式绝缘斗臂车只能在规定的工况下行走，松软地面条件将会影响行驶坡度范围。绝缘斗臂车配有倾斜传感器和警报器，当车辆行驶倾斜角度达到指定的稳定角度极限时，警报器会发出警报声音。

（2）通过行走遥控器实现地面行走控制。行驶前，需先将下操作控制面板的控制选择开关置于"地面行驶和支腿"位置，然后启动遥控器"启用"按钮。

（3）履带式绝缘斗臂车的每条履带可单独控制。行走遥控器控制左、右履带的按钮均选在"前进"挡时，可使设备前进，均选在"后退"挡时可使设备后退，操作单条履带前进或后退，将使设备转向。以相反方向操作两条履带，将使

设备原地回转。

（4）如有履带伸展功能，履带伸展 / 收回开关可调整履带宽度。如需收回履带，通过升高支腿使履带式斗臂车离开地面，并将开关移动到"收回"位置，要伸展履带，通过升高支腿使履带式斗臂车离开地面，并将开关移动到"伸展"位置。

（5）绝缘斗臂车可以收回履带以通过较窄的区域。在通过较窄的区域后，应将履带恢复到完全展开位置，然后才能进一步驱动车辆。

（6）配备两速履带驱动系统，可根据使用需要选择"高速"或"低速"选择开关。

（7）当出现紧急情况时，紧急停止控制可停止所有功能运行。

6.2.3 车辆支腿操作

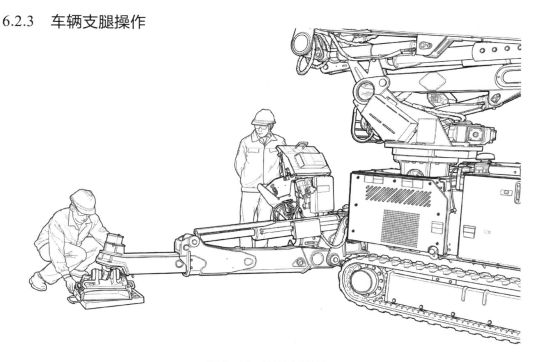

图 6-13 放置支腿垫板

【技能点】

操作支腿前，先将设备停在稳定地面上（如果支腿带有伸缩，需要先将各支腿同时或依次水平伸出），操作支腿垂直（或侧向下）支撑整个车辆完全抬起，并通过观察水平仪将设备调至水平状态。

【操作要领】

（1）车辆停放位置受到臂架伸展范围、上装运动以及支腿伸出所需空间的限制，需确认支腿及上装运动范围内无任何阻碍其运动的物体。

（2）尽量选择地面水平坚硬且靠近作业位置的地方展开支腿。

（3）参照车载式绝缘斗臂车支撑要求，在全部支腿下放置支腿垫板，先将低侧支腿支起一定高度，待车辆整体基本水平时，再支起高侧的支腿，根据水平度倾斜情况调整各支腿的高度，以保证车辆整体不发生明显倾斜且在设备作业允许倾斜范围内。支撑过程中，应时刻观察横向、纵向水平仪，根据水平度倾斜情况调整各支腿的横向、纵向幅度，以保证车辆整体不发生明显倾斜。

（4）除工作人员外，禁止其他任何人员和过往车辆进入施工现场。

（5）严禁将支腿支撑在松软土质、盖板、雨篷、涵管等不牢固或非承力构件上。

（6）严禁在支腿未完全收回的情况下移动车辆。

（7）操作支腿前必须考虑到在斜坡上对车辆稳定性的影响，车辆在积雪路面停放时，必须先清除积雪，确认路面状况，采取防滑措施后再停放。

6.2.4 车辆接地

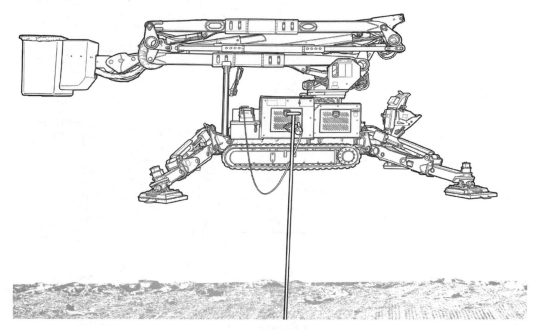

图 6-14 整车接地

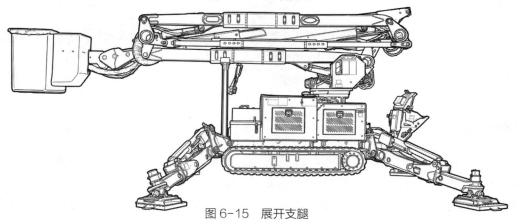

图 6-15 展开支腿

【技能点】

展放履带式绝缘斗臂车的接地装置（多股软铜线），使用临时接地棒，使接地线夹具连接并可靠固定。

绝缘斗臂车的接地，应避免与作业点杆塔、设备的工作接地共用接地桩，并且保持一定距离。

【操作要领】

（1）接地线应使用带有透明塑料护套的长度不小于 10m、截面积不小于 25mm^2 的多股软铜线，接地装置上卷绕的接地线应完全展放，接地线在地面无缠绕、叠压、扭结等现象。

（2）装设接地线的固定或临时接地极（桩）应没有松动、断裂、脱焊及严重锈蚀情况，接地极（桩）有效埋深不小于 600mm。

6.2.5 车辆空斗试操作

通过履带式绝缘斗臂车下部操作，实现对绝缘臂进行起降、回转、伸缩以及工作斗的倾倒等功能的操作，以确定车辆液压系统工作正常，操作灵活、制动可靠。

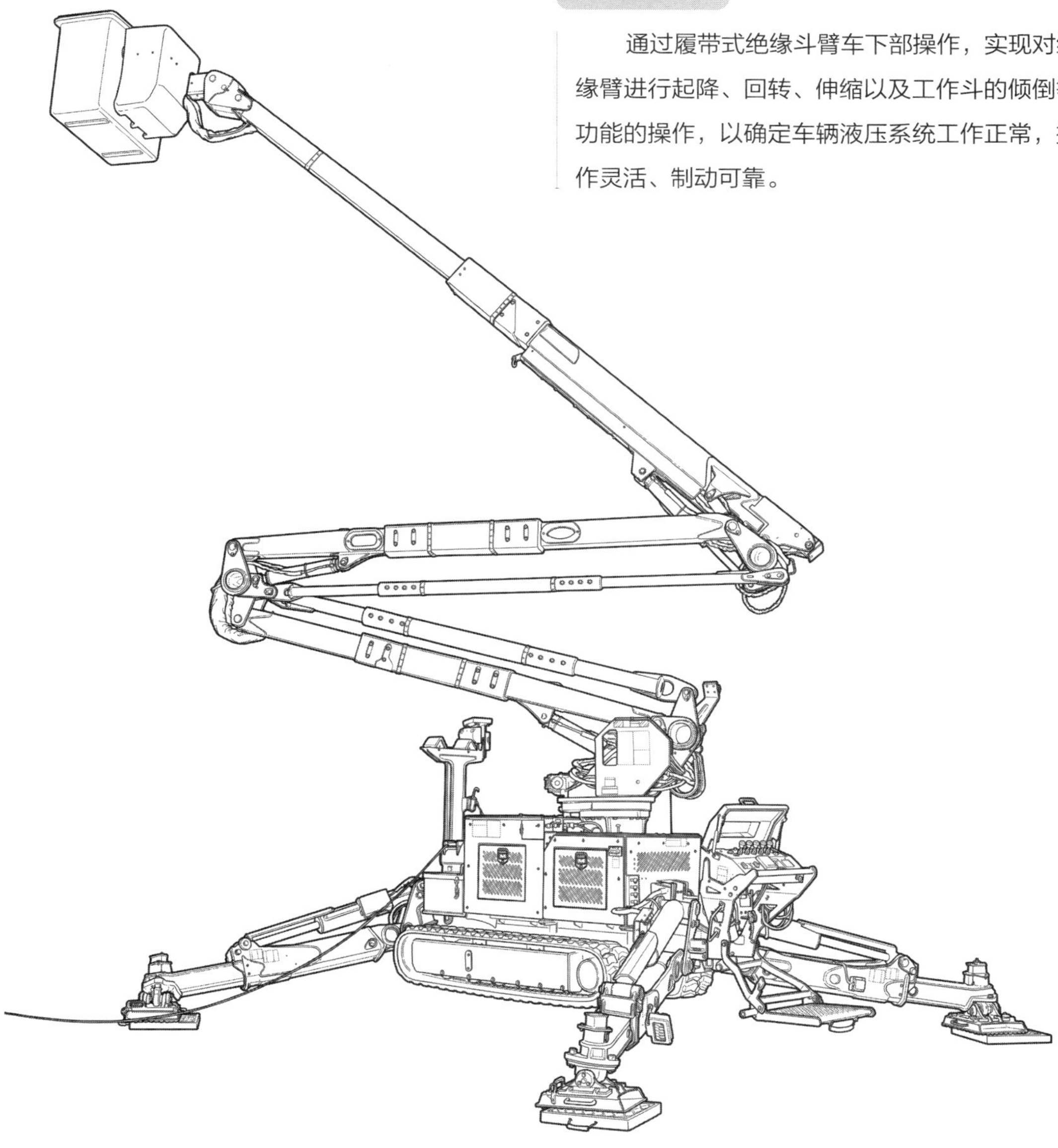

图6-16 工作臂升起

【操作要领】

（1）试操作前，将"上/下控制"选择开关转至"下控制"，通过下部操作机构进行试操作。

（2）应将绝缘臂支撑架放下，避免旋转等操作时干涉。

（3）操作须由对车辆操作熟练的人员进行，操作应平稳进行，避免急启急停。

（4）绝缘斗臂平台试操作时，严禁操作人员在工作斗内（上部操作机构）进行。

（5）绝缘斗臂平台试操作时，操作人员时刻观察周围环境，避免绝缘臂和工作斗与其他如建筑物、构件、树木碰撞造成损害。

6.2.6　绝缘斗部操作（上操作）

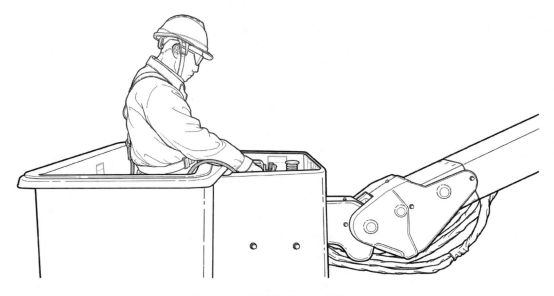

图6-17　进工作斗系安全绳

【技能点】

　　将绝缘斗臂车操作转换至上部控制。进入工作斗后，将安全带挂在装备车指定的栓系位置。

【操作要领】

　　（1）操作臂架功能时，不得操作工作斗倾斜。

　　（2）工作斗操作者以外的其他人操作可能导致死亡或重伤。

　　（3）仅在紧急情况下或在工作斗使用者引导时，下控制器操作人员可使用下控制器定位工作斗位置。

6.2.7　绝缘臂操作

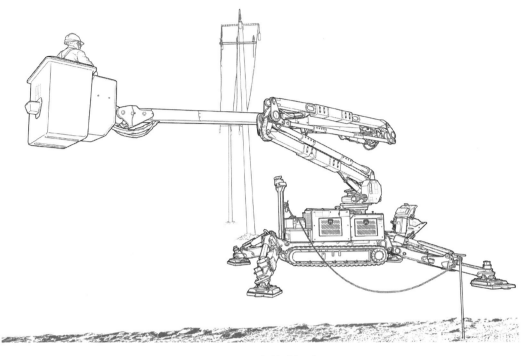

图 6-18　朝线路运动

【技能点】

　　操作绝缘斗臂车工作斗内部的绝缘单手柄臂运动控制机构，可实现上臂和下臂的升降、绝缘伸缩臂的伸缩、转台 360° 连续旋转功能。

【操作要领】

　　（1）操作须由对车辆操作熟练的人员进行，操作应平稳进行，避免急启急停。

　　（2）进入带电区域作业，应切换至低速模式，时刻注意上下绝缘臂周围情况，确保与线路、建筑物、树木等的安全距离，视情况决定上下臂的仰起幅度。

　　（3）作业时宜采用旋转或升降工作斗、适当伸缩绝缘臂来实现，尽量避免回转绝缘臂，防止碰触带电体、金属构件和设备等。

　　（4）操作斗臂车工作斗应选择恰当的作业位置，防止工作斗或绝缘臂同时接触不同的电位体，杜绝造成相间短路与单相接地的情况发生。

　　（5）当接近带电体前，要首先保证绝缘斗臂车的绝缘臂有效部分已伸出。

　　（6）绝缘斗臂车在进行带电修剪树木工作后，应有针对性地进行绝缘臂清理，防止在伸缩臂筒间、导轨槽等缝隙内积蓄木屑、木渣。

　　（7）绝缘斗臂车的绝缘臂操作顺序应正确，防止不当操作造成绝缘臂的严重损害。

　　（8）绝缘斗臂车的上下臂应在收回后将其紧固装置扎牢锁死。

6.2.8　工作斗操作

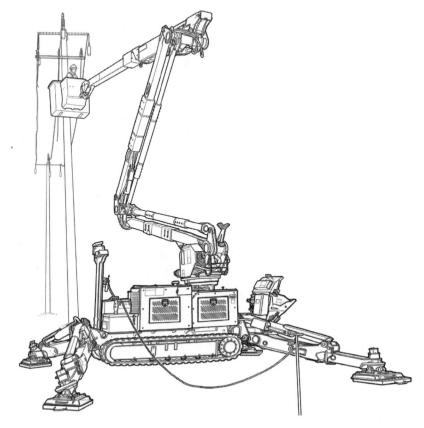

图 6-19　靠近作业点

【技能点】

工作斗可以围绕与绝缘臂连接部分顺时针或逆时针进行水平回转移动，具有斗积水倾倒功能，可翻转 90°，工作斗可通过自动平衡系统持续调整工作斗位置，保持工作斗水平。

【操作要领】

（1）操作须由对车辆操作熟练的人员进行，操作幅度应缓慢，避免急启急停。

（2）在带电区域作业移动工作斗，应注意确认工作斗周围情况，保持与不同电位体的安全距离，防止与其他构件发生碰撞。

（3）作业位置应选择恰当，防止工作斗或绝缘臂同时接触不同的电位体，以免造成相间短路与单相接地情况发生。

（4）进行带电作业时，绝缘工作斗任何表面严禁长时间接触不同电位体。

（5）严禁以工作斗作为起吊重物或支撑导线的着力点。

（6）工作斗表面如有脏污，需清理擦拭干净并静置干燥后方可进行带电作业。

（7）严禁在斗内有人的情况下使用工作斗翻转功能功能。

6.2.9　工具接口操作

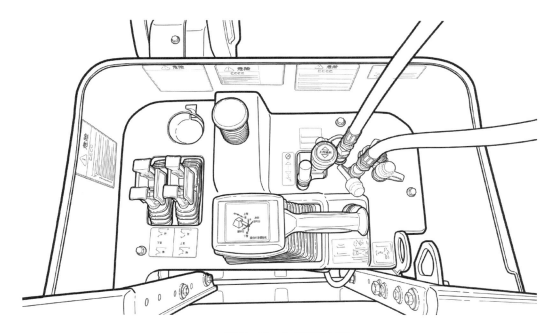

图 6-20　连接液压工具

【技能点】

　　绝缘斗臂车工作斗内有液压取力接口，将型号匹配的工器具液压油管与取力接口对接，获得车辆液压动力，进行树枝修剪、金具打孔、螺帽破拆、扭力扳手等工作。

【操作要领】

　　（1）安装液压工器具取力前，在液压输出开关关闭的情况下，将工器具输油、回油管接口与斗臂车液压接口对接并检查扣好锁紧，防止液压输油不畅。

　　（2）使用液压工器具时，调节合适的液压取力。

　　（3）拆除液压工器具取力时，先将液压输出开关关闭，重复多次操作液压工器具，以确认液压压力已完全释放关闭，打开输油管与回油管与斗臂车液压接口，并将斗臂车液压接口与工器具输油、回油管接口防尘罩扣好锁紧。

　　（4）进行带电作业时，液压工器具输油、回油管严禁接触带电体。

　　（5）保持液压工器具输油、回油管的表面清洁，及时擦干净油污，防止沾染绝缘工器具、防护用具。

　　（6）在拆除液压工器具输油、回油管接口时，应保持管口垂直朝上，拆下后及时扣好防尘罩，防止渗漏液压油、烫伤及沾染绝缘工器具、防护用具。

6.2.10　应急装置操作

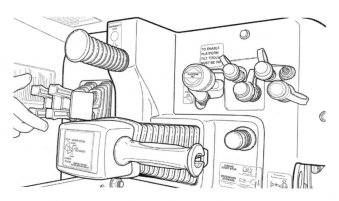

图 6-21　上部应急操作

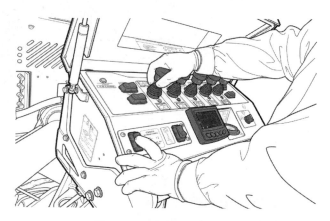

图 6-22　应急泵操作收回

【技能点】

　　绝缘斗臂车配备的电动应急装置或手动应急装置，可在绝缘斗臂车失去主动力系统故障斗臂操作失灵的情况下，实现收回工作斗及绝缘臂。

【操作要领】

　　（1）持续扳开应急泵启动按钮，接通应急电源，启动应急泵，此时操作工作斗、绝缘臂的回转、收缩手柄，使绝缘斗臂车在短时间内收回。

　　（2）通过车辆电池或辅助电池为泵供电。电池容量决定了泵的运行时长。直流泵使用时长需参照厂商使用要求。

　　（3）通过操作手动应急装置手柄，并配合动作执行机构，使绝缘斗臂车在短时间内收回。

　　（4）应经常检查应急开关、应急电源、应急泵，以确保应急装置能正常工作。

　　（5）电动应急泵应避免连续工作，避免耗尽电池电量，或因过热导致应急泵损坏。

　　（6）及时更换电流输出大幅下降的应急电瓶。

6.2.11　手动启动泄压阀

图 6-23　手动降臂架按钮

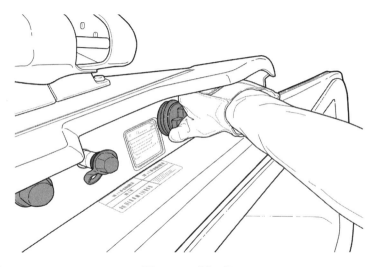

图 6-24　泄压阀

【技能点】

　　如果发生电力故障，可以在下控制台或上控
制台手动启动泄压阀。这样，地面人员可以从下
控制台操作设备。

【操作要领】

　　（1）仅举升油缸受手动泄压阀控制，操作
手动泄压阀时，伸缩臂不收回。

　　（2）逆时针转动控制旋钮，降低工作斗。
小心操作手动泄压阀，操作应平稳进行，避免急
启急停。

　　（3）完成手动泄压后，顺时针转动控制旋
钮，关闭手动泄压阀。

　　（4）按照收回程序操作，防止设备损坏。

　　（5）在收回绝缘臂后要使用臂托架和绑带
固定下臂，防止设备损坏。